◆ 青少年成长寄语丛书 ◆

人生有梦方壮美

◎战晓书 编

吉林人民出版社

图书在版编目(CIP)数据

人生有梦方壮美 / 战晓书编. -- 长春 : 吉林人民出版社, 2012.7

(青少年成长寄语丛书)

ISBN 978-7-206-09136-0

Ⅰ. ①人… Ⅱ. ①战… Ⅲ. ①成功心理 - 青年读物②成功心理 - 少年读物 Ⅳ. ①B848.4-49

中国版本图书馆CIP数据核字(2012)第151008号

人生有梦方壮美

RENSHENG YOU MENG FANG ZHUANGMEI

编　　者:战晓书

责任编辑:刘　学　　　　封面设计:七　洱

吉林人民出版社出版 发行(长春市人民大街7548号　邮政编码:130022)

印　　刷:北京市一鑫印务有限公司

开　　本:670mm×950mm　　1/16

印　　张:12.75　　字　　数:150千字

标准书号:ISBN 978-7-206-09136-0

版　　次:2012年7月第1版　　印　　次:2023年6月第3次印刷

定　　价:45.00元

目　录

CONTENTS

目 录

CONTENTS

目　录

CONTENTS

目 录

CONTENTS

梦，就应是梦

一个已成功的商人，对妻子说：“又梦见那红色的小屋，低矮的山冈，错落的灌木，白色的……”妻子接过来说：“白色的围栏，长长的甬道，都说过多少回了，既然总是梦见，为什么不依样建一个？真不明白。”商人说：“是的，现在建这些是毫不费力了。可那是梦呀，造出真的来一定没有那么好。梦，就应是梦。”

这商人也是个哲人，他明白一个道理：梦是理想，是浪漫；醒才是存在，是现实。梦永远比现实美丽，与梦相比，存在总是具有缺憾。现实与理想赛跑，中间的距离是永存的。

商人梦中的小屋，可能是少年的想往，可能是贫困时的追求，可能是绝望时的慰藉，总之是理想之物。保存在梦中它是无瑕无疵的，建在土地上的小屋是无论如何达不到那样完美的。商人留住了梦，留住了完美。

现实给我们的维纳斯是残缺的，于是许多大师巨匠想接上那断臂，可是直到现在也没有成功，为什么呢？因为那手臂已经理想化了，理想中的手臂已经美到了极致，美到只有在理想中才能存在。

已经梦化的臂，怎么可以用现实的手去接续呢?

有篇小说，说的是一个技艺极高的棋王，他梦想天下无双，举世无敌。有这种梦不能是错，还应当作为楷模。不幸的是，上帝让他的梦变成了真的。他战胜了所有的人，他没有对手了，没有人可以与他匹敌了。这时，他感到了孤独，感到了被抛弃，他再也找不到战斗和胜利的感觉了。他渴望有对手出现，渴望有人战胜自己。可是上帝已经让他天下第一，对手自然不会出现。棋王只能一个人在孤独中死去。这篇小说就是告诉人们，梦不可能，也不应该是真的。

梦是生活给予美的一种方式，梦是生命延伸的一种形式。没有梦的存在是苍白的，我们全都拥有做梦的权利。祝愿大家美梦成真时，我只是想说，对待梦需要清醒。

（张港）

品味生活

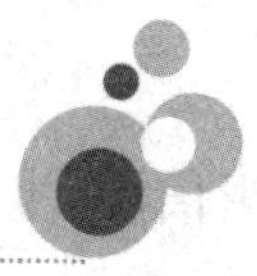

生活不是书本。书本能够教你认识生活，但不能代替你对生活的认识。

生活犹如伟岸的高山，给人以心灵的充实，生活犹如浩瀚的大海，给人以胸怀的宽广。生活是人生的老师，教你智慧，使你高尚。

同是活着，但活着的意义不一样。生活的法则之一便是：选择，你选择了冷漠，便会觉得生活像是栅栏；你选择了热情，便会觉得生活像是喷泉；你选择了华贵，便会觉得生活更像舞台；你选择了朴素，便会觉得生活更像麦田。总之，你选择得好不好，你也就知道了你将生活得好不好。

我们生活着，因为我们有爱。爱是一种奉献，一种牺牲。充满了爱的生活则是一份骄傲，一份坦然。我们不是为了活着而生活，而是为了生活而活着。我们活着更多不是为了自己，而是为了这世界还有那么多美好的东西值得我们活而活着。

爱生活，就爱你自己；懂得了生活，也就懂得了你自己。不爱生活而只要求生活报偿的人，始终将是一无所获。

对待生活，永远的观望只能是永远的茫然。谁不肯让自己走进生活的激流中去，谁就永远不属于生活，也就永远改变不了自己的生活。

生活不相信眼泪。生活只对赢得了它的人微笑。生活把这种微笑最终仍溶于生活之中。

生活中最沉重的负担不是工作，而是无聊；生活中最轻松的享受不是索取，而是奉献；生活中最珍贵的财富不是金钱，而是精神；生活中最永恒的动力不是伟大，而是平凡。生活中最大的痛苦，是始终找不准立足的人生坐标；生活中最大的幸福，是坚信有人在爱着我们。

人因"格"而分高低，生活因"品"而见境界。有了高尚的人格，才会有高雅的格调；有了高雅的格调，才能进入品味生活的佳境。人格是做人的脊梁，品味是生活的翅膀。有了脊梁，就有了你生活中的尊严；有了翅膀，你就能够在生活中不断创造自己所留恋和热爱的东西。

热爱生活的人，必然懂得品味生活；懂得品味生活的人，会更加热爱生活。

（王利亚）

不要让人偷走你的梦

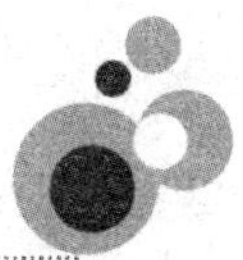

那是我们刚刚踏进初中校门的第一节课，我的班主任——全国优秀教师黄玉梅老师给我们讲了这样的一个故事——

两年前她随国家教委组织的几位优秀教师出国交流学习。这天，他们和一大批孩子在美国的圣伊德罗牧马场活动。正游戏时，牧马场的主人蒙地·罗伯茨来到他们中间，他对孩子们说："知道我为什么要邀请你们来我的牧场吗？我就是要向你们讲述一个故事，故事的主人公同样也是一个孩子。"

——孩子的父亲，是位巡回驯马师。驯马师终年奔波，从一个马厩到另一个马厩，从一条赛道到另一条赛道，从一个农庄到另一个农庄，从一个牧场到另一个牧场，训练马匹。其结果是，儿子的中学学业不断地被扰乱，当他读到高中，老师要他写一篇作文，说说长大后想当一个什么样的人，做什么样的事。

那天晚上，他写了一篇长达7页的作文，描绘了他的目标——有一天，他要拥有自己的牧场。在文中他极尽详细地描述自己的梦想，他甚至画出了一张200英亩大的牧场平面图，在上面标注了所有的房屋，还有马厩和跑道。然后他为他的4000平方英尺的房子画出细致的楼面布置图，那房子就立在那个200英亩的梦想牧场上。

他将全部心血倾注到他的计划中。第二天，他将作文交给了老师。两天过后，老师将批改后的作文发还给他。在第一页上，他看到老师用红笔批了一个大大的“F”（作丈等级最高足“A”“F”是最低的），附了一句评语：“放学后留下来。”

心中有梦的男孩放学后去见老师问：“为什么我只得了‘F’？”

老师说：“对你这样的孩子，这是一个不切实际的梦想。你没有钱，你来自一个四处漂泊居无定所的家庭，你没有经济来源，而拥有一个牧场是需要很多钱的，你得买地，你得花钱买最初用以繁殖的马匹，然后，你还要因育种而大量花钱，你没有办法做到这一切。”最后老师加了一句：“如果你把作文重写一遍，将目标定得更现实一些，我会考虑重新给你评分。”

男孩回到家，痛苦地思考了很久，他问他的父亲他应该怎么办，父亲说：“孩子，这件事你得自己决定，不过，我认为这对你来说是个非常重要的决定。”

最后，在面对作文枯坐了整整一周之后，男孩将原来那篇作文交了上去，没改一个字：他向老师宣告：“你可以保留那个‘F’，而我将继续我的梦想。”

讲到这里，蒙地微笑地对孩子们说：“我想你们已经猜到了，那个男孩就是我！现在你们正坐在我的200英亩的牧场中心、4000平

方英尺的大房子里！我至今保存着那篇学生时代的作文，我将它用画框装起来，挂在壁炉上面。”他补充道：“这个故事最精彩的部分是，两年前的夏天，我当年的那个老师带着30个孩子来到我的牧场，搞了为期一周的露营活动。当老师离开的时候，她说：“蒙地，现在我可以对你讲了，当我还是你的老师的时候，我差不多可以说是一个‘偷梦的人’！我那些年里，我偷了许许多多孩子的梦。幸运的是，你有足够的勇气和进取心，不肯放弃，以致让你的梦想得以实现。”

“所以，”蒙地说，“不要让任何人偷走你的梦！听从你心灵的指引，不管它指向的是什么方向！”

故事讲完了，黄老师对我们说：“同样，我不会偷走你们任何人的每一个梦，相反，从今天起我要为同学们的任何梦想发挥起推波助澜的作用！”

（张二）

伸出你的手

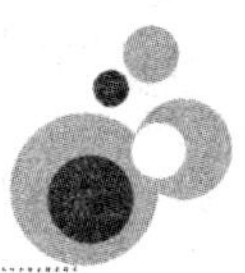

每年高考，总会有一些年轻的朋友落榜，面对他们，我总想讲讲我自己的故事，鼓励也好，劝导也罢，至少这故事是真实的，是我学生时代一段刻骨铭心的经历。

还有七个月的时间就要高考的时候，我的成绩一直停留在班上四十多名的水平，班上一共才五十来个学生。这样的成绩，要想考上大学，简直是痴心妄想。我还算有自知之明，知道考大学无望，便彻底将自己对大学残存的那一点梦想丢开了，整日里在别的同学认真复习备考中睡大觉和看小说。我在心里想，等把这七个月时间混出去后，便随南下的打工大军一起去打工。这个时候，我已经在全国各地的报刊上发表了近二百篇作品，有着厚厚两大本作品剪贴本，我想凭这找工作应该不成问题的。其实，我的学习成绩之所以停留在四十多名的水平上，也就是因为发表的这些作品，过去我把太多的精力放到这上面去了。

整日里除了看小说睡大觉外，我表面上装得很不在乎，因为我不想让别人看出自己对上大学的在意。想想吧，七八个月后，别的同学都手捧大学录取通知书欢呼雀跃，而我却在整理行装准备去打工，我能真的不在乎吗？就在我放弃自己的时候，一贯欣赏我写作水平的语文老师找到我。他没有说大道理劝我，只是神情平淡地给我讲了那个他在课堂上已经讲过无数遍的故事——

一个人在一片丛林中前行，突然下起了大雨。他全身被淋得湿透了，又冷又饿。这个时候，他看见不远的树丛中燃起了一星亮光，便赶紧加快脚步，他太需要一个躲雨避寒的地方了。果然，他的眼前出现了一座茅草屋，但是房门紧闭着。他将手伸出去，准备敲开门。当手伸到半空中，他却犹豫了——这深更半夜的，房主会开门吗？算了，与其遭遇闭门羹，不如就在屋檐下过一夜，这总比刚才在雨中淋着好受多了。又冷又饿的他终于感冒了，忍不住难受地咳嗽起来。就在这个时候，房门“吱呀”一声打开了，一个人将他扶了进去。房间里真是太暖和了。房主说：“你刚才怎么不推门呀？门一直虚掩着。”想想自己刚才伸出手又缩回来，这个人心里满是后悔。

以前听这个故事的时候，我只是一笑地认为这个人太笨了，要是我呀，肯定会推门进去的。但是这次听过这个故事之后，我笑不出来了。我知道语文老师的真正意思是什么，他要我别轻易放弃。我以前觉得那个人笨，现在我的做法与其何等相似啊，我不正在重蹈覆辙吗？想到这里，我早已放弃的心里突然涌出一股激情来——无论如何，我都应该试一试，试过之后我将不再后悔。于是，我玩命地把精力投入到了学习中，第一次摸底考试时，我的班级排名居然前进了十多名。

努力着到了那年3月，我从省招生考试报上看到了一位大学毕业生所写的回忆文章。他说他高三毕业那年学习成绩极差，但从没放弃进大学深造的想法，离高考还有3个月的时候，他只身跑到重庆某部属师范大学毛遂自荐，最终幸运地成为该校的一名大学生。感叹他幸运的同时，我忍不住在心里想，我为什么不去试试呢？皇天不负有心人，在我的不懈努力下，我终于以写作特长成为重庆那所部属师范大学中文系的一名学生。

当初如果我完全放弃大学的梦想，我还有机会跨进那所重点师范大学吗？肯定没有，在大学里，我极力完善自己，时刻铭记语文老师那个普通的故事，从不放弃让自己更进一步的机会。大学毕业后，我成为一家省报的编辑记者。

（汪洋）

选择乐观

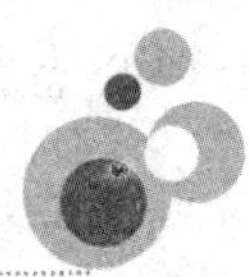

积极向上的生活态度，对幸福的主动追求，决定了人们总是选择乐观，社会舆论也推崇乐观。

乐观是一种心态，常指精神愉快，对事物充满信心。

乐观和悲观虽是一字之差，却有天渊之别，它们不仅是两种截然不同的心态，更是两种内涵、色彩各异的人生。

有一则充满哲理的西方小故事：一个父亲有两个儿子，一个是乐观，一个是悲观。父亲想把他们改变一下。一天，他买了很多玩具，半夜放进悲观的卧室，同时，又弄了一大堆马粪，堆进乐观的屋里。第二天一早，父亲想先看看悲观的反应，就走了进去，看到儿子正对着一大堆玩具哭泣。

“怎么啦？你为什么不玩这些有趣的玩具？”父亲问。

“我怕把它们弄坏了！”

父亲叹了一口气，又走进乐观的卧室，只见儿子正在马粪堆里高兴地玩着。

“怎么这么高兴啊？”父亲问。

"啊，爸爸，"儿子兴高采烈地说，"我知道这里面一定藏着一匹小马!"

可见，乐观心态是可以选择的。乐观的人总能从平淡无奇甚至困难中找到属于自己的一缕阳光、一片绿叶、一朵鲜花，寻到生活乐趣，保持精神愉快。

乐观者总是这样对待生活和未来：成功也好，失意也罢，总是保持一种恬然无忧的心境，"成则淡然，败则泰然"，永远"微笑着面向生活，不管生活以什么方式回报我"，张开双臂，用宏大的胸怀愉悦地迎接命运的每一次挑战，宽容地接纳每一个实实在在有得有失的日子。

生活对每个人的回报毕竟不同，成功了又怎么样？"世上没有常胜将军"。失败了又怎么样？"失败是成功之母。"落榜了又怎么样，失恋了又怎么样，下岗了又怎么样？"前途是光明的，道路是曲折的"，乐观者永远充满信心，充满勇气，充满力量和才智。

确实，顺境中乐观容易，若处于困境，要能保持乐观也难。其实，乐观地对待困境，也是有力量有才智的表现。因为乐观，不失望，有信心，有勇气，相信前途是光明的，就能够心平气和，不乱方寸。这样往往有利于理清思路，明确方向，调动起自己的潜能，灵机一动，豁然开朗，有了克服困难的策略和方法，变不利为有利，走出困境，取得成功。

人们有时对处境无法选择，却能选择自己的心态。选择了乐观，也就等于选择了积极进取，选择了生命的方向；倘若选择了悲观，那就无异于选择了消极放弃，选择了自己把自己打倒。航海中断水，悲观者看到的只是无边无际的滔滔海水，丧失信心，痛饮海水而亡；乐观者相信前面总有陆地，坚持了下来，终于获救。

选择乐观吧，“不管风吹浪打，胜似闲庭信步”，让我们永远保持积极的心态，高奏起“扼住命运喉咙”的交响曲，愉快地度过或苦或乐的人生。

（凌林）

从无礼中学“礼”

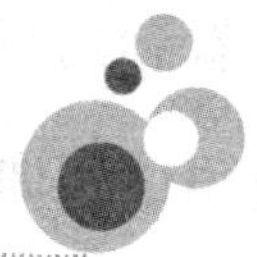

我国著名妇产科专家林巧稚曾讲过一个耐人寻味的故事。60年前，她在英国伦敦进修，有一次去参加一个学术报告会，人生地不熟，找了很久也没找到会址问了几个路人，都不肯详细指点，只是敷衍一句：“往前就是!”结果她东转西拐，兜了一个大圈子，到达会场时已经散会了。林巧稚回忆这件事时说：“我吃了苦头，却养成了一个习惯——此后，凡有人向我问路，我定要指点个明白，有时还要陪着走几步。”善于学“礼”的人，不仅能吸收优秀的文化传统，还善于从无礼者身上得到启发。伊朗哲理诗人萨迪在他的名著《蔷薇园》里有一段对话：有人问史格曼：“你向什么人学来的礼貌?”对曰：“我向那些没有礼貌的人，凡是他们不良的言行，我决不去学、去做。”林巧稚学“礼”，不正是这样的吗?

时下，有不少人认为“人家无‘礼’，我有‘礼’倒是吃亏了”，或者认为“不道德的言行到处有，为什么偏要我讲道德”? 于是心安理得地跟着“学坏样”。其实，一件事的是非曲直，有它自身质的规定性，它取决于是否符合社会利益的客观要求，并不因为别人干过，甚至相当一部分人干过而改变其性质。不懂礼貌、不讲道德，就其性质而言是错误的，既然是错误，为何还要亦步亦趋呢？说到底，是缺乏社会责任感和是非观念。《论语·季氏》篇中曰："不学礼无以立。"在孔子看来，一个人立身处世，必须进行品格德行的修养，使自己的言行举止符合礼仪，否则，就很难在社会上"立"起来。若是既不学习文明礼貌，又对不讲礼貌和道德的行为"以牙还牙"，一味盲从，不仅"立"不起来，而且很快会被社会所唾弃。

科威特伦理学家纳索夫在《愿你生活更好》一书中说："让我们烧掉怨气吧，如果我们把为往日忧伤而痛苦的劲头，转移到改善条件和环境的话，那我们就能改变自己，也能改变所有那些能引起我们内心怨恨之情的人们的言行举止。"这话说得很是精辟透彻。在不道德的行为面前，如果你做得"初一"，我就做得"十五""你不仁，我也不义"，如此这般，怎能提高全民族的整体素质？精神文明建设就很难全面推进。

礼貌、礼节、礼仪是衡量一个人道德品质高下、一个民族道德风尚好坏的重要尺度。我们提倡人人学"礼"，并不仅仅为了个人立身处世，更重要的是为了形成良好的社会公德，使我们的民族更加文明昌盛，永远立于世界民族之林。

（周敏生）

两位病人

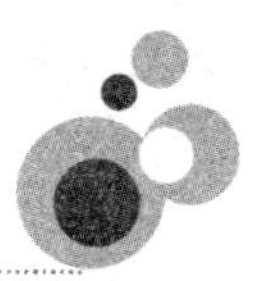

五官科诊室里同时来了两位病人，都是鼻子不舒服。在等待化验结果期间，甲说，如果是癌，立即去旅行，并首先去拉萨……乙也如此表示。

结果出来了，甲得的是鼻癌，乙长的是鼻息肉。

甲留下了一张告别人生的计划表离开了医院，乙却住了下来。甲的计划是：去一趟拉萨和敦煌；从攀枝花坐船一直到长江口；到海南的三亚以椰子树为背景拍一张照片；在哈尔滨过一个冬天；从大连坐船到广西的北海；登上天安门城楼；读完莎士比亚的所有作品；力争亲临实地听一次瞎子阿炳的《二泉映月》；成为北京大学的一名学生；写一本书……凡此种种，共27条。

他在这生命的清单后面这么写道：我的一生有很多梦想，有的实现了，有的，由于种种原因，没有实现。现在上帝给我的时间不多了，为了不遗憾地离开这个世界，我打算用生命的最后几年去实现还剩下的这27个梦想。

当年，甲就辞掉了公司的职务，去了拉萨和敦煌。第二年，他又以惊人的毅力和韧性通过了成人考试，成为北京大学中文系的一名学生。这期间，他登上过天安门城楼，去了内蒙古大草原，还在一户牧民家里住了一个星期。现在这位“病人”正在实现他出一本书的夙愿。

有一天，乙在报上看到甲写的一篇有关生命的散文，于是打电话去问甲的病情。甲说，我真的无法想象，要不是这场病，我的生命该是多么的糟糕。是它提醒了我，去做自己想做的事，去实现自己想去实现的梦想。现在我才体味到什么是真正的生命和人生。你生活得也挺好吧？乙没有回答。因为在医院时说的，去拉萨和敦煌的事，他早已因患的不是癌症而放到脑后去了。

在这个世界上，其实我们每个人都患有一种癌症，那就是不可抗拒的死亡。我们之所以没有像那位患鼻癌的人一样，列出一张生命的清单，抛开一切多余的东西，去实现梦想，去做自己想做的事，也许是因为我们认为我们还会活得更久。然而也许正是这个量上的差别，使我们的生命有了质的不同：有些人把梦想变成了现实，有些人把梦想带进了坟墓。

（刘燕敏）

自己的鸟语花香

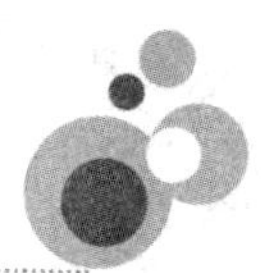

我羡慕那些历经了人生的雪雨风霜而依然活得鲜灵蓬勃的人。

想想都不容易，世间有太多人，一遇到风风雨雨，就慌不择时地摇落自己的一树花蕾，惊飞心灵花园里抚慰生命的天籁歌声。自己对自己过早放弃，只能加速凋零，兵败如山倒，甚至连废墟都坠入江底，此幕悲情故事最令人叹惋遗憾。

在世间重复上演的，不单单是悲剧，还有喜剧，每个人不单单是看客，还是主演，他人的悲喜故事也可在自己身上一演再演。悲剧谢幕，喜剧登场，你正上演的是哪一出？你没有看到的又是哪一出？在人生大舞台上，只看到自己的凄风苦雨，他便有可能永远地错过自己的鸟语花香。“好时代和坏时代交替而行，才叫发展。”好故事和坏故事此起彼伏，才是人生。有如此认识，鸟语花香的剧情方能重上舞台，引人入胜；“春风得意马蹄疾”，可人永远不要被大好春光晃花了眼，更不要被如意人生宠坏了。我们未必时时要急流勇退，但一定要趁早修好未雨绸缪的这门课，这比出名要趁早还要重要，是关键时刻的护身盾牌、翻身王牌，再好的时代里也有坏遭遇，“花无百日红”

也是颠扑不破的真理，百鸟朝凤的际遇毕竟是春花秋月，花开花落、月圆月缺，不仅仅是苍凉寂寥，也是人间正道、尘世传奇。

一切都在变换，变得快，换得也快，这方唱得意犹未尽，那方早已粉墨登场。有以不变应万变者，可谓“孤舟蓑笠翁，独钓寒江雪”。但几人能步入如此高妙境界，能在任重道远的路上，拿自己的性格和心态来滋养自己？能在心灵的花园里自我逍遥、怡然陶醉？而有的人，也知道严阵以待，也懂得分秒必争，可是疏于外面的风吹草动，不知坚持拓宽自己的心灵疆域，每走一步就在身后关上一道房门，每走一步就跟外界格格不入，而当风雨来袭，只看那残花落地，病鸟折翼，曾经的大好风光枯败坠散，为他捧场的人扬长而去不回头，他便欲上不能，退守无功，无法收拾这鸟不语、花不香的破旧山河。

人生在世，“条条道路通罗马”。这话已说得人不耐烦听，普通得拍打不出任何婉转风声，却值得人一品再品，一思再思。

世间有太多贪婪而偏执的人，只想在命运的平坦繁华处，美美艳艳、浓浓酽酽地长袖善舞、觥筹交错过一生，却不知人生原本不能在一个领域里太有浓度，哪怕这个领域多么盛世太平、令人不舍。

“所剩不多的筹码往哪儿押，哪儿就是负担。”我们都要选择多走几条路，时时准备着重新开始，学会将当年引人瞩目的风光散落和稀释在不同的道路上，而且不忘为自己的人生修建几处后花园，栽花养鸟，将来哪怕只剩下自己一个人，也可以拥有鸟语花香第二春。

（孙君飞）

感谢人生少年时

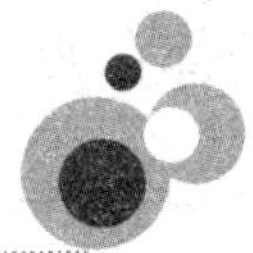

那时候，我看到窗外的一枝含苞桃花，就仿佛看见花团锦簇，春光无限，胸中芬芳澎湃，繁华惊艳。

那时候，我在夜里做梦，也在白天做梦，联翩而至的梦想如一朵朵鲜花盛开在浩瀚时光的水波之上，似乎永不凋零，只是随波逐流，连绵不断。

那时候，我封自己为人生的勇士，纵马驰骋，披荆斩棘，将困难看作棉花糖，将风险看作氢气球，在坎坷曲折处，竟也能“仰手接飞猱，俯身散马蹄”，行进得风风火火、磊磊落落、跌宕流转，如不老的神话，如崭新的传奇。

那时候，我爱锣鼓吹打，喜欢浩大人群，真热闹呀，挤呀挤，嚷啊嚷，烟火人间何曾有过落寞无趣的颓垣断壁？简直一个人就能筑起梦幻城堡，里面有鲜衣怒马，梨园歌舞，神奇的灯盏照见如花的笑靥，缤纷烟花在幽蓝的天空刹那怒放，而我骑着高头大马，做白衣飘飘的追风少年，也会放慢马蹄，“嘚、嘚、嘚”，从容优雅地徘徊在一扇鲜花缠绕的窗前。

现在，我看到一园灼灼夭夭的桃花，会感谢曾在少年时见证过无限的美，始懂得花开有意，花落有情，那颗被美浸润过的心永不失色，仍未风干。

现在，我偶尔会在梦中重回垂髫时的自己，感谢少年时拥有过最美好的梦，是令今日的自己也艳羡不已的一个一枕黄粱的少年。“曲终人不见，江上数峰青”，而自己依然能够做梦，甚至耽美于梦，不清醒和荒芜于沧桑浮沉，这竟有这么好，好得犹如自己永远都保留着一份少年时的青葱丰美，俨然一滴露水永远停留在清晨时分，折射出虹的光彩。

现在，我也许学会了迂回环绕，不再直截了当地挥戈马上，但我却感谢少年时的豪情壮志，让我经历过阳光下的明艳火热，以及热血沸腾的短兵相接，在颓废柔软中尚能呼吸自如，深藏一份刚硬如刀的血性豪情。尽管风花雪月，尽管有些东西一触即碎，尽管一声叹息后人生的枝蔓就缠绕到我的心上，我也永远记得曾经属于少年勇士的自己，记得自古英雄出少年的神话和传奇，记得自己的马、自己的风、自己的火。

现在，我身边的人群散去，一树繁花堆成安静内敛的心事，不为人知。我感谢少年时的喧闹拥挤、磅礴盛大。大闹之后方有大静，拥挤之后方有疏朗，少年时的鲜花着锦、烈火烹油，正是今天的芳草萋萋、细水长流。城堡不再，而小屋坚固静美，尘埃仍未落定，岁月仍未摆上桌案，等到鸡鸣枕上，夜气方回，终成一梦，慨然而醒后，“并刀如水，吴盐胜雪，纤手破新橙”，少年情怀依旧萦绕心间，语言的沼泽、目光的荆棘再也伤害不了树大根深的甜美果实。世界终于静下来，听我轻轻说话、深情歌唱，生命依然妩媚如初，“大珠小珠落玉盘”，直到——“白日依山尽”。

少年情怀，春风得意，这正是人生最初的美好，也是可以一直喜悦到最后、喜悦到老去的事情。少年情怀不老心，感谢人生少年时！

（孙君飞）

信仰的力量

他选择了体育，想成为体育明星，露天的小体育馆里经常出现他矫健的身姿。那时他已22岁，已经获得了一次次的殊荣。最让他自豪的是他的100米短跑，他的成绩是世界第一，是当时的“飞人”。

在国人的心目中，那一年在巴黎举行的100米短跑冠军非他莫属。可想而知，一个人若取得了如此大的成绩，对他的威望、收入、名气该有多大的影响，他比任何人都明白，然而却做出了让国人震惊和愤怒的决定：取消参赛。是什么让他决定放弃唾手可得的荣誉？是信仰。因为按照赛程，100米预赛安排在星期日，“明天就是星期日，我要去礼拜，这是我多年的习惯，我决不能改变。”这就是他的全部理由。

舆论的谴责改变不了他的选择，国人的愤怒改变不了他的选择，王子亲自出面以国家的名义规劝他，仍然改变不了他的选择，在当时情况下哪怕是杀了他，仍然不能使他动摇。态度如此之坚决，无疑是信仰的力量。

信仰使他放弃了最擅长的100米比赛，但200米和400米他参加了，并且取得了佳绩。200米铜牌，400米金牌，并且打破了男子400米的奥运记录。后来他说：“如果连信仰都不能坚守，那我将一事无成，更不会在以后的比赛中取得突破。”

他就是英国著名运动员利迪尔。

（刘玉真）

花田半亩

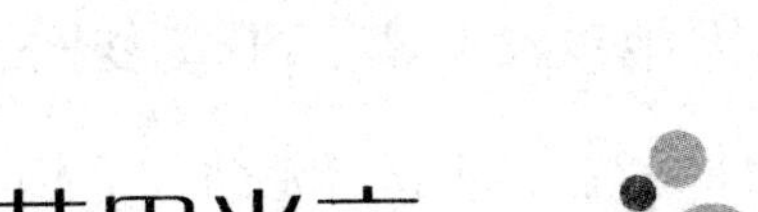

她是一个美丽的女孩，大大的眼睛、时尚的发型，爱卡通、爱搞笑、爱八卦，更多的时候她很沉静，因为她的生命里负重太多太多。

她是一个有梦的女孩。小时候，她喜欢看火车，西郊的火车每天轰隆隆地开来，又轰隆隆地远去，满载着乘客，满载着希望，仿佛也载着她的梦想，驶向远方，那时候她的梦想是就坐上火车，让足迹遍布中国。

她的梦想在15岁那年拐了一个弯。那年，她上初三，在一次体育课上，她突然浑身不适，指关节开始痉挛，指头开始发白僵硬、麻木，渐渐失去知觉。到医院检查，诊断结果竟然是一种罕见的病，当时认为是类似血癌的一种血液病，实际上后来得知这种病的学名叫肺动脉高压，是由血管纤维引起的一种罕见的无法治愈的重症。死神，这个陌生的幻影，开始露出狰狞的面孔。医生说，或者三五年……天空从那天开始布满阴云，生命从那天开始变得有限。

那天她在日记里写道："如果妈妈哭的话，我会过去安慰妈妈别哭。”可是那天妈妈没有哭，妈妈是夜里等她睡了以后，躲在自己的房间里哭。那天她也没睡着，午夜梦回，她听见了妈妈的啜泣声，那是怎样的一种哭泣，绝望、无助、后悔、不能自已。

从那天开始，爱好文学、痴迷文字的她开始不辞辛苦地写作。她悄悄地耕耘着她的博客《半亩花田》：“我是一个忠诚的花仆，键盘是我的花锄，我守望自己生命的花落花开。”她重新编织了三个梦想：她要上大学，她要出一本书，她还要穿一次婚纱。

忍受着超乎常人想象的痉挛疼痛，时而坐在教室、时而又躺在病床与死神搏斗的她居然考上了示范高中。三年后，她又考上了北京语言大学中文系。她天生就应该是中文系的学生，文采斐然，文笔优雅，清新淡然。她的现场作文获得梁晓声老师的高度评价，得到过98分（满分100）的最高分。梁晓声老师说，她的每一个字都是工整的，每一个标点符号都是正确的。在她的散文里，弥漫着一种深情，一种含蓄的深情。

除了深情，《半亩花田》里记录更多的还是对生活的感悟，对生命的洞察，对这个世界的爱。她以一个诗人的笔触写道：“倘若，这世上从来未有我，那么，又有什么遗憾，什么悲伤。生命是跌撞的起伏，死亡是宁静的星。归于尘土，归于雨露，这世上不再有我，却又无处不是我。”“冥冥中，我听到一个遥远的声音对我说，所谓生命，就是感恩、善良、美和爱。”

这是对死亡的直面，对人生的淡定，对生命的热爱。这极富哲理的诗句，出自一个不到20岁的女孩之手。生命到底是什么，我们到底为什么活着？有人问她。她说："是眷念与不舍。"

从那天得知病情开始，她就无比地眷念这个世界，眷念身边的每一个人，尤其是她的妈妈。她无法想象，失去了唯一的女儿，妈妈该怎样泪流成河，悲伤欲绝！她在《半亩花田》里写道："妈妈说，如果能够再孕育你一次该多好。你仿佛是在怨恨自己，将我生成多病的身躯。你遗憾没有给我一副强健的肉体。你觉得，是自己造成了我连绵的苦难。妈妈，我却时常感谢你给我生命，即使这身躯有许多不如意。但生命，从来是独一无二、最可宝贵的礼物。我感谢，今生是你的女儿；感谢，能够依偎在你的身旁，能够开放在你的手心。"

感谢，始终是她文字的主题：感恩，始终是她对生命的态度。"妈妈，让我握住你的手，容许我有时间望你老去，一如你望我的成长。""妈妈，假如我不在了，你也像现在一样快乐，好吗？"

第二个梦想还没来得及实现，死神就已降临。第三个梦想未竟，终成遗憾。

她只在这世上停留了短短的21个春秋，那一天是2007年8月13日。她的名字叫田维，一个出生于北京普通工人之家的美丽的大眼睛女孩，50多万字的博客日志最终被深爱她的妈妈和同学友人整理成册，取名《花田半亩》，取她发表在北语校园网上的《半亩花田》之意："但我这园子，却是一半茂盛，一半荒芜……"

在她去世两周年的忌日，妈妈把连夜赶出来的样书带到了她的墓前，一页页撕下来，点着，燃烧，有风吹过，带走片片灰烬，宛如化蝶西去，那应该是她接收到的信号吧。

一个生命来到这个世界，纯属偶然，无数的偶遇和相识成就了一个个或悲或喜的故事。有的人活了一辈子，声色犬马，风光无限，驾鹤西去时则烟消云散，一点儿痕迹也不曾留下；而有的人，人生苦短，悲欣交集，却让相识的和不相识的人口口相传、念念不忘。生前不为人所知，死后却让人难忘。在她去世两年后，她被更多的人认识，让无数的人感动，这，大概只有她才能得此殊荣吧。真正的爱，超越了生命的长度、心灵的宽度、灵魂的深度。田维，这个美丽的女孩，因为爱，定会被世人铭记。

（郑如）

拥　　抱

17岁的卓玛尕措就读于玉树州中学高中二年级一班，是英语班学生，学习成绩非常好。2010年4月14日早上7点，卓玛正在玉树县新建北路532号的家中洗脸，父母在屋外忙活。突然，伴着“轰——”的巨大声响，顷刻间房倒屋塌，落下的木头直接砸在卓玛的胳膊上，她被掩埋在废墟中。

卓玛的父母、哥哥和姑妈见状，一起奋力将她从瓦砾中挖掘出来。随后，卓玛被姑妈送到了设在体育场的国家地震灾害紧急救援医疗分队帐篷医院接受治疗。经诊断，卓玛的右前臂骨折，医生立即采取包扎固定右前臂、输液、抗炎等措施为她治疗。

4月18日12时50分，卓玛正躺在病床上输液，这时，帐篷的门帘被掀开，额头上渗着汗珠。略显疲惫的中共中央总书记、国家主席胡锦涛走了进来，径直来到卓玛床前，坐在她的病床旁、看见小姑娘正在输液，胡主席紧紧握住卓玛的手，一脸关切地询问起她的伤情，看到胡主席关切地询问自己的伤情，卓玛一下子哭了起来。胡主席随即轻轻俯下身，把脸贴在卓玛的脸上．又顺势把她抱在怀里，亲切地问道："你叫什么名字？""卓玛尕措！""你家里人还好吧？""我爸妈都好，就我受伤。"一旁的医护人员向胡主席介绍说："卓玛尕措是玉树州中学高二学生，她的英语成绩很好："胡主席当即安慰卓玛说："你好好配合治疗，叔叔阿姨会照顾好你的，伤也会很快好起来的！"卓玛泪流满面地抱住胡主席，哽咽着说："好的，好了我就去上学！"

胡主席又对医护人员叮嘱道，一定要尽最大努力治好卓玛的伤，之后，他挥手和卓玛告别。胡主席离开后，卓玛尕措仍沉浸在幸福之中："我真没想到胡爷爷会来看我，会拥抱我！胡爷爷拥抱我时，我觉得就像爷爷抱孙女一样可亲。爷爷要我相信叔叔阿姨们会治好我，前途会很光明。听了爷爷的鼓励和安慰，我觉得很感动，忍不住想哭。要是我的手臂不受伤，我一定也会伸开双臂拥抱胡爷爷……等我伤好了，一定会好好读书，考上大学，回报社会！"

那一刻，胡主席和卓玛情深意切相拥的一幕，感动着中国！这是一个国家领导人与深爱他的人民之间的骨肉之爱、鱼水之情！这份真情，会让这个小女孩铭记一生！可爱的小姑娘，你生活在一个美好的时代，你真的很幸福！

这一幕最深情地相拥，凝聚着人心，凝聚着力量，凝聚着大灾大爱的高尚情怀！灾难并不能摧毁我们的信念，只会令我们更加成熟，更加坚韧。让我们擦干眼泪，用辛勤的双手重新建设一个更加美丽的家园，我们坚信：玉树不倒，青海长青！

（张达明）

拥抱诗意

一个从没有爱过诗歌的人不算年轻过，诗歌应该永远属于青春与激情！

一个真正喜欢文字的人几乎都是从诗歌爱起的吧，否则他永远也领略不到真正震撼心灵的文字之美。一切最痛苦、美好、波澜壮阔的人生场景，只有用诗歌才能表达得淋漓尽致，因为诗歌壮如飞瀑冲渊，美似长虹闪电……

几乎所有的文学大师都是以诗性的文笔和审美内涵征服读者心灵的。罗曼·罗兰、杰克·伦敦、斯蒂芬·茨威格，那种诗意、细腻、音乐一样的描绘几乎无处不在，让人爱不释手……

一个诗意的人一定是个心灵柔软善良的人，因为他能够仰望星空的宽阔辽远，而绝不会做一个狭隘人生的追随者。刘禹锡一生数次获罪被贬，诗中却没有那种遇挫后的伤情，而是充满了哲性的豁达大度：“沉舟侧畔千帆过，病树前头万木春。”甚至是调侃：“种桃道士何处，前度刘郎今又来。”郑板桥无论为人还是为官都携着一颗纯粹的诗心。为人，“咬定青山不放松”；为官，“一枝一叶总关情”。

诗意，并不拘泥于形式，只要用心体会，世间到处有诗意。她可能照耀在阳光的葱茏中，也可能闪烁在露珠的晶莹里。

我愿做这样的诗人：从容走过，简单活过，用诗意的目光去感知这世上的林林总总；我愿做这样的诗人，把诗意当成信仰——愿生命美好充盈，愿生命之花灿烂，愿长江大河奔涌，愿尘世充满真爱真情真心真诚。

（草乡香）

美丽的梦想

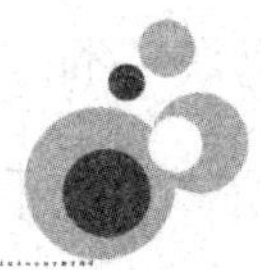

《幸运52》中，两位选手经过激烈的拼争，进入了最后的关键时刻。两位选手开始为争夺冠军而努力，他们都打出了“为了自己美丽的梦想而战”的口号。第一个选手的梦想是一家人其乐融融地到迪斯尼乐园游玩。第二个选手的梦想是得到治疗父亲癌症所用的药品。

最后一题时，现场的气氛紧张起来。随着主持人的一声“开始”，抢答器一响，第二个选手抢到了答题权，他不慌不忙地开始答题。答题完毕，支持他的观众和亲友团仿佛看到了胜利的喜悦，此时此刻只要主持人一宣布结果，他们就会马上欢呼雀跃，在他们看来第二个选手必胜无疑，这是众望所归。主持人宣布：“本次的冠军是——第一个选手。由于第二个选手答题错误，按照比赛规则，本期的冠军是第一个选手。”

命运就是这样捉弄人，结果往往是最需要的，却没有得到。美丽的花瓣从天花板上飘落下来，鲜艳的玫瑰花瓣罩在第一个选手的头上。

忽然，第一个选手向主持人示意，他想把自己的梦想变一下。他的梦想就是能够让第二个选手的父亲得到药。

全场观众一怔，马上爆发出雷鸣般的掌声。主持人满眼含着泪水答应了第一个选手的请求。此时此刻两个选手紧紧地拥抱在一起。

（秋实）

瓶　子

同样是瓶子，你为什么要装毒药？同样是心，你为什么要装烦恼？

把人心比作一个瓶子，世俗思想如果过多地进入瓶子，那瓶子就会越来越沉重，到了一定的程度还得不到发泄，它就会玻裂。拥有得太少显得空虚，拥有得太多又容易损伤自己，特别是那些冲动偏执的人，所以，应当让它能够自然而然地有进有出，通畅自然！无须思考太多，不应劳心过度。

生活得快乐或是痛苦，都由人的心态决定。心态乐观时，哪怕失去再多，也依然会有前进的动力和快乐的理由；心态悲观时，得到再多，不仅体会不到其中的乐趣，反而会因为麻木、压抑而迷茫、躁动不安。

同样是瓶子，我想用它保存这世上的美好；同样是心，我会用它装载生命中无数的快乐！这就是我的答案。

（洪少霖）

清远深美

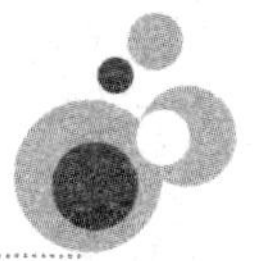

读胡兰成的《山河岁月》，被一种清远深美所打动。那是久远的却又可亲可怀的亲切。觉得远，却又声声在耳边……仿佛没有了年代，但分明又有年代。人或者文字，到了清远深美，恰似嫦娥离月宫。那份清幽与日月散淡，都陷落于清亮山河中，个个不能自拔。对于高处的东西，都应该放弃对它的夸奖。至美至深的东西，都是无言。

多年故旧见面。他离婚，却并没有十分怆然，只说姻缘尽了。满屋的书里他埋在里面，眼睛里仍然闪着理想之光。他说，总也难以忘记在那里看到的陈丹青的那句话：人一生所追逐的，不过是延续少年时的梦想。我几乎遗忘殆尽，但他还记得。

大约十几年前，我和另一个朋友骑车去乡下偏僻的中学看他——因为他的江湖才气和种种旷世传说。他在乡下中学教历史，住两间低矮平房。那天停了电，他正读《凡·高传》，喝南瓜汤。停电的夜晚有一种凄然和美妙。我们三个声音低沉地说着一些理想和美梦，说着南方的一些城市，说着诗歌、段落、片段、山河岁月。正是夏天，院子里有野草与野花，开得极茂。那院子里鬼魅的香经久不散，绵绵到十几年后的气息中。那时他尚年少轻狂，自是语出狂言，后来又在南孟的小酒馆中喝醉。待我离乡多年去所谓城市中功成名就，他仍然居乡下。在霸州小城中一个叫“文丰”书店中遇到，他眼神依旧干净炽烈，让我想到“清远深美”四个字。彼时我小有名气，并且热烈地出席各种签售会与发布会。他仍然读书，带着邋遢潦草落魄的气息。他是“石床孤夜坐，圆月上寒山”的人，却又有着远古的荒意，似汉书，又似晚唐的落寞才子。可是，比他们又天高地阔。

我们多年不见，但并不隔阂，像昨天才一起醉过。

十几年前，曾在食堂打饭回来，一人一盒，吃着并谈论着海德格尔和卡夫卡。几度逢秋心不凉。常常从别人嘴里听到他半丝或一丝消息，依然没钱、动荡。在乡下中学教历史，有很多男女学生与他一起狂热着……那些人走入社会全都冷静了，他依旧有内心的狂热和癫狂，像俄国那些患了肺结核病的病人，脸色泛着苍白的潮红。可是，因为内心世界的狂乱，又显出一种非常动荡的狂热、潦草，但分明有一种别致的干净。那是世上少有的一种清远深美的东西了，隐于他的内心，浮于他的眼中。

在辛卯年的春节，我们在他独居的小屋中喝茶。没有暖气，屋里乱得让人心酸，但也心安。说起多年来看的书，或者什么也不说。我蹲在地上翻他的书，看到养生或者《蒋介石传记》，笑了，盗版书很多。亦翻到《陈丹青音乐笔记》，还有四书五经。静闻真语的刹那，忽然觉得自己是如此的薄而轻。他始终在底层，也始终在高处。他提及我出的书，我忽然脸红起来。“畅销”二字让我汗颜，他始终文锦心，我早就玉琴斜。

想起年少时，曾切切地问，什么是深美？如今霓裳裹身，我却知道自己丢了些东西。那些轻艳的浮夸的东西啊，把内心打得七零八落，我不如一个隐于乡下的歌者活得踏实自在肯定。

他早就无论魏晋。

那个下午，被一种清远深美的东西袭击了。清远深美其实就离得近了。离得近了，就靠近了那春来江水，就靠近了那日出江花呀。

（雪小禅）

暗　香

那日聚会，远远近近汇集了二十几个同学。大家凑在一起，欢天喜地地忆着旧日时光。唯有她，靠窗坐着，和谁都不攀谈。

岁月深长。还记得那次班会，老师问我们的理想，她站起来快刀斩乱麻："世界迟早会毁灭，所有理想都是枉然。"全班风雷云动。老师找她谈了整整一个下午。那时的她骨瘦如柴，倔强叛逆，眼神如霜，话语似刀。她的青春过于岑寂，除了奶奶，再无他人陪伴。我们知晓，却依旧不敢靠她太近。十二年未见，她还是那样干瘪的瘦。素淡的衣装在一身明媚的人群里格外孤单。全班也唯有她还在乡下守着一群孩子计算着加减乘除，朗诵着唐诗宋词。

她寂寂地坐在那里，浅浅地笑，犹如坐在那些看不见的光阴里。褪去了凌厉，眼神安静澄澈，举手投足都是寂静。我走近她，坐在她身旁，希望借一点她的安详，亦想给她的形单影只一点援助。我搂紧她的肩膀，想要说点什么，她却轻拍我的手背，柔声说，我什么都很好，不必担心。心，立刻羞愧起来。在她坦荡的素淡与安然的静谧里，我的那一点看似贴心，实则怜悯的安慰是多么的不堪。

“想办法回城里吧，毕竟那里太清苦，彼此距离也会更近一些。”她依旧浅笑：“没什么不好。孩子一茬茬儿的，就像田地里的庄稼，需要打理的。打理好了，秋天才是秋天。再说，你们都在一个劲儿地往前奔，总得有人留在原处，看着你们愈远了，好把你们拽回来。人生不能总是攻，还得要守。”

窗外，细雨缠绵清凉着红尘，墙角有一束“扫帚梅”自顾自寡淡地开着，开着。那是我们童年生活里最为常见的花儿，小小的几瓣花儿简单而耐寒，轻轻拂动却也留满手清香。

那日，和一群远道来的朋友去寺院。寺院坐落在城里的繁华地段，每日浸染在纷纷攘攘的尘世烟云里，这座寺院更多的意义似乎已变成旅游观光。我们从大殿转到后院，那里有几间厢房陈旧地拥挤在一起，前面一片小小的菜畦，满目翠绿。沿着窄窄的小道儿，一间厢房一间厢房地走过去，无外乎琐碎繁杂的日常生活。独独那一间，半掩着门，轻轻看过去，一位上了年纪的僧人正在木榻上打坐坐禅。他双眼轻合，面容平和，宁静地端坐在深深的午后。木桌上的香炉燃着香，只一盏，便缭缭绕绕润了一室的香。窗外细碎的脚步自远而近他怎会不知？窗外的阳光渐渐清冷他又怎会不觉？只是，他心中自有天地，自有清音围绕耳畔，漫过了尘嚣。

心静，如她；神稳，如他。寡意人生却心如明镜，即使皈依了俗世，亦有暗香盈盈。

（姜皓）

没有谁可以

一档邓丽君的模仿秀，六个参与者，其中一个是来自河南农村的姑娘。自诩从小酷爱唱歌，她说：我一定可以成为比邓丽君还要优秀的歌星。

然后，她搔首弄姿地唱了一曲《路边的野花不要采》，娱评人包小柏没等她唱完就按了PASS灯。包小柏说得很含蓄，邓丽君唱这首歌时，有一种轻盈舞动之美。而眼前的女孩儿，好像一边砍柴一边唱歌，用力过猛。很正常的点评，参赛女孩儿却仿佛受了奇耻大辱，忽然之间泣不成声，自顾自倔强地昂着头表达着内心的怨怼和不服气："我为唱歌付出了太多太多，有人说我遇到行家指点一定可以迅速走红，我没觉得自己这次比赛输了……"话里话外的意思不过是，PASS自己的专家是外行，她才是真正的天才。

作为观众，看着台上女孩儿勉强维持的虚弱强大，听着她一再强调的梦想，忽然有深深的感悟。现在这个个性张扬的年代，有梦想的人比比皆是，为什么最后真正梦想成真的人却凤毛麟角？除天时地利人和之外，更重要的一点是，很多追梦者只看到了梦想彼岸的华丽和炫目，却没有理清梦想背后的汗水和智慧。舞蹈的梦想可以是一双翅膀，但仅有翅膀并不代表你就具有飞翔的力量。

关于成功与勤奋的故事，许多人都拥趸一个说法——“十万小时定律”。即一个人要想在本行业内取得成功，最起码要付出十万个小时的操练。而事实上，仅有十万个小时是远远不够的。比如这个参赛的女孩儿，她说自己从小到大无时无刻不在唱歌，如果用“十万小时定律”来衡量，她也许已经唱了更多个小时，但谁又能从她身上看到成功的希望?

所以，聪明人会从另一个角度来理解“十万小时定律”：所有成功者都必须付出这样的辛劳，但并非付出这些辛劳的人都可以成功。相熟的一个朋友，从小有一个成为钢琴家的梦，十几年来苦练不止，终有一日得见某大师。只以为从此看见希望的曙光，孰料，大师只听了半支曲子，就彻底粉碎了他的梦。他苦练多年，用的一直是错误的技法。如果是初学者，尚可以纠正，但他已久错成习惯，根本没有办法挽回了。

凑巧的是，模仿秀的另一个参与者，正好与这个小姑娘形成鲜明对比。那是一个年届不惑的女人，款款从舞台后走出，歌声刚起全场即掌声雷动。和那个女孩儿一样，这个女人也唱了二十年。包小柏对这位歌者给予了充分肯定，但她只淡淡地说了一句：“我将参加这次模仿秀当作是纪念邓丽君的最好方式。”没有激动的眼泪，甚至结果都不那么在意。她看重的，只是对偶像的怀念和对歌唱的

感情。

看过《动物世界》的人都知道，天鹅需要在水面上迅疾奔跑才能飞翔，但很少有人注意到，天鹅腾空而起的瞬间，它的脚不是踩在虚软的水上，而是需要踩在哪怕一根草棍儿那样坚实的物体上。人类追逐梦想亦如此，无论在梦想的航程上追逐多久，如果没有扎实的功力，那就永远不能真正高高地飞翔。而这样的功力，不仅需要时间的锤炼，更要有专业的引领。

（琴台）

每天生活在童话里

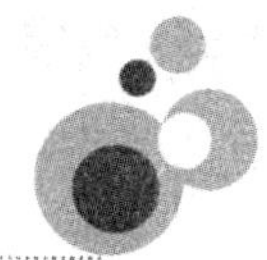

我主持电台的都市热线节目已经很长时间了，每天接听最多的都是怨天尤人的话：爱情失意欲轻生的青年，因家庭矛盾寻死觅活的女子，生意场上失利而想跳楼的商人，最近也有一些高考没有考好的学生。

面对这一个个十分现实的问题，面对这一个个用凄凉的语调诉说自己的不幸故事的听众，很多时候，我不禁为他们痛心和感伤。你本来是多么幸运的，你本来是十分富有的，你本来就是一帆风顺的，可是，仅仅因为你认识的角度不同就把自己陷入了痛不欲生的境地。

有位听众问我：老师，你为什么总是那么快乐和满足？

我说，年轻的时候，我也曾经历过你们这样的阶段，但是，一件事情彻底改变了我。当时刚刚工作不久，那是一个周末的上午，因为工作上的事情我受到上司的冤枉和责怪。我一时想不通，本来不是我的错，可是责任为什么却要我承担？我感觉太不公平了。

附近就是有名的英雄山，我一个人走到山下，想顺着台阶上山。

刚刚上了几个台阶，我就遇到了一个正在下山的青年。让我惊奇的是，他下山不是用脚，而是用手挪下来的。他没有双腿，他的整个下身都没有了，只有一双手！他正在用双手一个台阶一个台阶地挪下来。

山路很窄，我本能地给他让出道路。他走到我面前时，很友好地抬头看我，说：早啊，大哥，今天天气真好。他很年轻，从年龄上看得出，也就比我小几岁的样子，他很自然而礼貌地称呼我。我看到他的脸上挂满了快乐的神情，丝毫没有我想象中的那种失去双腿的痛苦和忧伤。

我还驻足在那里，还没有从自己的惊奇中回过神来，那个残疾青年已经一个台阶一个台阶地下到山坡的平坦道路上了。我看到他一步一步地挪到广场上，又慢慢消失在远处。

那一刻，我突然发现自己那么幸运，那么富有，生活对自己是那么眷顾和慷慨。人家没有双腿，人家连走路的权利都失去了，可是人家还生活得那么阳光，那么快乐。自己四肢健全、身体健康，可以走南闯北，还有什么可担心和恐惧的呢？

我忽然为自己内心充满着抱怨而羞愧，为自己遇到这样一点儿小小的挫折就沮丧而耻辱。然后我总结出自己失误的原因，想好改正的方法，接着去上司那里勇敢地承认错误。我突然间发现自己眼前所有的烦恼和抱怨都烟消云散了，天空是那么晴朗、明丽，同事是都那么和善、友好，上司对自己是那么信任和宽容，周围的世界变得一片明亮。

也就是从那个时候开始，我再也没有困顿过，再也没有抱怨过，再也没有痛苦过，我始终都感觉自己生活在一个多么幸运和美好的世界里。我告诉我的听众，其实，大家与我一样，自己所担心的事情，跟其他人相比实在是微不足道，根本没什么大不了的事情，只要我们每天想想自己所拥有的，就会发现，相比那些不幸的人，我们每一个人都生活在美丽的童话里。

（鲁先圣）

百年好合休嫌晚

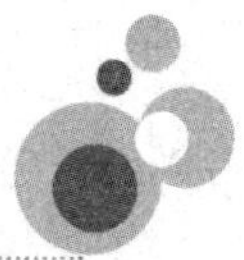

那天他来晚了，推开老师徐悲鸿的画室时，心里有几分忐忑、就在推开门的那一刻，他看到了他一辈子都忘不了的画面，这个画面，后来在他的画作里屡屡出现。

初秋的阳光，像一团金色的丝线，透过窗棂，把倚窗而立的她的侧影，镶在金色的画框里。她清澈的眼眸，与一盆盛开的紫色雏菊对视，空气里，流淌着紫菊的花语。他的心，顷刻间被花语击中，绵软如水。

这是吴作人与萧淑芳的初次相见。那时，吴作人在中央大学艺术系学习，才华出众，锋芒初露。北平女孩萧淑芳，作为一名旁听生在中央大学艺术系学习油画和素描。

钟山风雨、秦淮浆影，江南自古多情。当时，在南京中央大学艺术系，萧淑芳是男同学们的焦点。18岁的她眉清目秀，身材窈窕，举手投足间都是“民国范儿”。萧淑芳不仅拥有很高的绘画天分，还喜欢滑冰、骑马、游泳、打网球，凡是时髦的体育运动她都愿意尝试和学习，甚至滑冰时穿的衣服、帽子，都是她自己织的。吴作人被这漂亮的女孩儿深深地吸引住了，他在教室后排偷偷画她的速写，一张又一张，在简洁明快的线条里，倾注无限的深情。他深深地苦恼，不知道该如何向她表白，甚至，如何跟她说上话都成问题。一天，萧淑芳拿着习作《一筐鸡蛋》向徐悲鸿先生请教，吴作人正好在旁边，便凑了上去看，无数次设想过与她相对说话的机会，这一回终于来了，可说出来的话竟是：你画的这些鸡蛋是买来的吗？萧淑芳白了他一眼，没有搭理他。这搭讪太过拙劣。吴作人讨了个没趣，心里很受伤。已在中央大学崭露头角的吴作人心高气傲，从来没有哪个女生如此冷落他。艺术家的爱情既敏感又脆弱，这一次小小的挫折，竟让他彻底放弃。此后，在同窗半年的时光里，他与萧淑芳再没有交往。

爱情，很多时候就是这样阴差阳错，两颗画坛新星就这样失之交臂。他们各自读书、学画、留学、结婚。

人生的轨迹是圆形的，不知不觉会走回原处。二十年后，他们戏剧性地重逢了。1946年，中国走在十字路口，这一年，也是吴作人人生的转折点。抗战结束，国民政府教育部聘他为终身教授，上海美术协会为他举办个人画展。在画展上，在熙熙攘攘的人群中，吴作人见到了做梦也没想到的人——老同学萧淑芳，清秀、优雅依旧，只是看上去文弱多了。他欣喜若狂。隔了二十年的岁月，烽火连天，世事沧桑，他们都已创痕累累，这偶然的相遇，弥足珍惜，双手轻轻一握，心事尽在不言中。

萧淑芳正处于个人生活不幸的彷徨困苦中，她因盲肠手术感染腹膜炎后引发结核病，每到傍晚便发烧到四十多度，到凌晨出一身汗后退烧，卧病长达三年之久，连上海最好的医生都无计可施。重病期间，她的丈夫弃她而去。她对爱情和人生都已心灰意冷。而在艺术上成就斐然的吴作人也遭遇丧妻失子之痛、心血尽毁之伤，妻子李娜因抗战期间医疗条件恶劣，在重庆死于产后胃痉挛，儿子也意外殇逝；他的全部作品因日军飞机轰炸，化为乌有。

20世纪30年代的中国，结核病被称为“白色瘟疫”，人们谈之色变，避之唯恐不及。吴作人却毅然决然地走近她，他不是没有害怕，只是他不能再次失去牵手的机会。爱情犹如出麻疹，年纪愈大出得愈重。沪上画展偶遇萧淑芳后，吴作人春心萌动，特地作了一首题为《胜利重见沪上》的诗表白心迹：“三月烟花乱，江南春色深。相逢情转怯，未语泪沾襟。”这浓得化不开的情思慰藉了萧淑芳的心灵之创。吴作人还为她画了多张肖像画，包括那幅流传甚广的油画《萧淑芳像》。画中的萧淑芳面带微笑、神情安然，透露出生活的平静与幸福的满足。一天，两人看完画展的路上，吴作人深情地对萧淑芳说：“再不相爱就来不及了，我们的日子过一天少一天。”萧淑芳心中的坚冰渐渐融化了，她给吴作人写信说：“人生是一次旅行，有泥泞黑暗，有险峰……尽管有过许多曲折和磨难，但毕竟春天会来，花总会开。”她重又相信爱情的美好和人世的温暖。两个有着相似伤痛与共同志趣的人，特别相知相惜。他们的爱，像一壶陈年的酒，经历了时间的沉淀，变得愈发浓郁而醇香。

有情人终成眷属。1948年6月，在北平，在两人共同的恩师徐悲鸿先生的见证下，吴作人与萧淑芳喜结良缘。徐悲鸿在赠予二人的结婚礼物《双骥图》上书："百年好合休嫌晚，茂实英声相接攀。譬如行程千万里，得看世界最高峰。"这是大师对两位高足最美好最真诚的祝福。那年，吴作人40岁，萧淑芳37岁。

迟开的桂花最香，爱情有时也是这样。婚后，他们琴瑟甚笃，互相充当对方作品的第一位观众与最真诚的品评者、共同的志趣，使他们有着永远讨论不完的话题，一个画油画，一个画水彩；一个画动物，一个画植物。1949年，南京解放，吴作人以萧淑芳为模特的油画《南京解放号外》，震动中国画坛。新中国成立后，吴作人先后担任中央美院院长、中国美术家协会主席，登上了中国画坛的高峰。萧淑芳总是把吴作人照顾得妥妥帖帖，她要用她智慧而灵巧的双手，为他缔造一份平静而幸福的生活。吴作人对她，更是深情缠绵，哪怕只有几天的分离，他都会给她写信，倾诉自己对她的思念。

爱让每一缕阳光的弦，有激情地律动；爱让每一个日子的行板，有欢喜地波浪。余生的岁月，他们就这样做一对"神仙眷侣"，守护这迟来的幸福，然而，命运之手却轻拢慢捻着更大的苦难，穿过姹紫嫣红的风尘，迎面扑来。"文革"期间，历次运动，吴作人在劫难逃。被批斗的日子里，萧淑芳每天都悬着一颗心，生怕他一时想不开做了傻事。迫害给吴作人的身心带来了巨大的痛苦，萧淑芳成了

他的避难所。每天晚上，他拖着疲惫疼痛的身体从“牛棚”回到家，一看到萧淑芳温和的面容，笼罩身心的乌云就都散了。她准备一盆烫热的水，把他的脚放进去，轻轻地按压、搓摩，他的委屈、牢骚和苦闷仿佛都融化在这热水里，她用无声的言语传递给他信心和勇气：坚持，坚持下去。就这样，他们熬过来了。

“文革”后，吴作人又进入创作的高峰期，耄耋之年的萧淑芳，陪吴作人到云南、贵州写生，陪伴他出国讲学、办画展，当他的参谋和拐杖——过马路她都搀扶着他，她说“要跌倒一齐跌倒”，在吴作人生病卧床一直到去世前的六年中，萧淑芳悉心照顾，为他穿衣、洗脸、洗澡、喂饭，推着轮椅陪他散步，始终在他的病榻前守候，连心爱的画笔都未曾拿起。她笑着说：“为他，我心甘情愿。”

吴作人终于踏上了天国之旅。在遗体告别仪式上，他身上盖的白缎中间是一个“寿”字，四周缀以朵朵红梅。这是萧淑芳特地亲手绘制的《寿梅图》，她说：“作人小字‘寿’，我小字‘梅’，合为一体，生死不离。”

穷尽心间爱，给彼此一段山高水长、云淡风轻，能照亮生命与爱情，从不嫌晚。

（施立松）

不懈地追求梦想

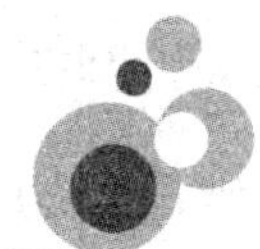

不能写作的经理

当《喜福会》《灶君娘娘》和《百种神秘感觉》等畅销书发行前，谭恩美只是一个普通作者，她和同伴经营着一家技术写作公司，处理律师票据类的业务。虽然同客户处理的都是账户管理类业务，但这个移民的女儿总想在英语写作方面有所建树。

她开始与同伴商讨："我想用英语写作！"他们认为谭恩美不擅长写作，只能为顾客管理账务。但她却认为这是自己讨厌的业务。"我面临着：是跟随他们经营公司还是追求自己的梦想？"

最后她选择了辞职。但他们仍坚持偏见："你不是辞职，而是被开除！在写作上你会一败涂地，挣不到分文！"

谭恩美以自己的行动证明他们错了，她的作品订单源源不断地涌来。作为一个自由职业性的技术作家，她毫不畏惧，有时每周工作90小时。由于创作的自由，她的天才与灵感不断发挥，并按个人意愿，开始了小说创作，最终以《喜福会》一举成名，大放异彩。

这个不能写作的经理，成了美国最受爱戴的著名作家。

你只能研究污泥！

约旦·福克曼博士在他的档案袋中保存着1903年《纽约时报》一篇文章的复印件，文中的两位物理学教授解释了飞机不能飞的理由，但仅三个月后，在莱特兄弟让飞机成功上天的实际行动，驳斥了他们的谬论。

20世纪70年代早期，在癌症研究中，福克曼提出一个不太符合科学家“逻辑”的理论，认为肿瘤不会再生成新血管，以“喂养”自己成长，他用研究成果证实其正确性。但同事们却说：“你研究的会是垃圾！”意味着他的研究是伪科学。福克曼对研究界的讽刺不屑一顾。二十年中，在他的新血管再生术研究中，遇到了无数的漠视和敌意，在一次学术研讨会上，竟有近一半人员退出，“他仅是个外科医生。”有人说道。

但福克曼仍坚信，他的工作会阻止肿瘤的生长，也许会找到让新血管生长的方法，像心脏附近堵塞的动脉处。在20世纪80年代，福克曼和同事研制出了首例新血管再生抑制剂，今天，有近十万癌症患者从他的开拓性研究中获益。现已确认，他的研究在最终治疗癌症方面，具有划时代的意义。

“在坚持和顽固之间有一条分界线，其关键是要找到值得探索的难题。”福克曼说。

待在图画中的孩子

史蒂文·斯皮尔伯格并非好学生，同学常取笑他。当是孩童时，不爱读书的他，常爱拿着8毫米相机，拍摄自制的玩具幻灯片，以娱乐同学。

在中学二年级时他被迫退学，在父母的劝说下，他重返学校，被安置在智力较差的班级，但只待了一个月。由于全家搬到另一个城市，他终于中学毕业。

1965年，由于不愿进传统的电影制作学校，他在长滩注册了加州州立大学英语学院，由于偶然的机遇，他的命运发生了改变。在参观好莱坞环球影城时，他结识了编辑部的总裁查克·西尔弗斯，西尔弗斯立刻喜欢上这个从小摆弄电影的年轻人，并约他再次见面。

由于没有工作，次日斯皮尔伯格衣装革履、风度翩翩地出现在环球影城门口，向警卫摆了摆手，就轻易进去了。

“整个夏季，”斯皮尔伯格回忆道，“我都在与导演和作家们礼貌大度地闲聊，我甚至找到一处闲置的办公房，把它变为我的寄居室。并买了几个塑料牌，把我的名字与房间号挂在门口。”

他终于取得了成功！十年后，28岁的斯皮尔伯格一举成名，导演了影片《大白鲨》，赢利4.7亿美元，创下有史以来的最高票房纪录。随后几十部获奖电影接踵而至，但史蒂文·斯皮尔伯格深知名师的指导功不可没。

矮到无法跳舞

也许她在发愁身高，特怀拉·撒普带着极大的梦想来到纽约，这个来自印第安的乡村小姑娘，在巴纳德学院获得了人文历史学学位，但她真正钟情热爱的，却是舞蹈。

为适合学院的体育需求，她开始同著名舞蹈家玛莎·葛兰姆、莫斯·康宁汉姆学习跳舞，不久她就达到了学校要求，同时做舞蹈家的梦想开始产生，但舞蹈并非是一时热情，而是终生的职业。

20世纪60年代中期毕业后，她试图在商业演艺界找到自己的爱好，但却难以达到，她缺乏表演芭蕾舞的技术和技能，在“火箭女郎”舞蹈团的大型试演中，她发现自己的身材太矮。他们“喜欢我的踢腿和旋转脚尖动作，”她在自传《孤注一掷》中写道，“难道我不能微笑？”这不禁让撒普反思，她能否成为舞蹈家？能做专业演员吗？其关键是要发现自己，创建她的独特舞蹈风格！

有五年多的时间，她和剧团成员每天在格林尼治村教堂的地下室苦练基本功，星期天早晨甚至被管理人“赶出来”，她们的工作几乎没有报酬，也不被人们承认，有时撒普也在自忖：这样做是否值得？

功夫不负有心人。40年后，她在百老汇的一百多场大型舞蹈剧中成为主角，并赢得2004国家艺术勋章，这就是撒普给自己的答案：我能行！

（李庚　明玉山　编译）

“最美”的美德何以最美

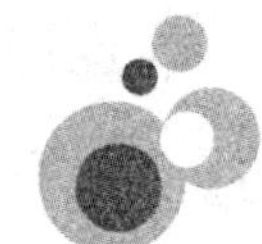

今年以来，网络上频频出现“最美”的故事，这些令人感动、温暖人心的美德故事，犹如阵阵春风扑面，抑或亮丽的阳光，给这个世界带来温馨和美好，让我们在为之喝彩和肃然起敬中，不禁涌泪。

8月25日，我在网络上又一次看到了几幅被网友疯传的“最美”图片，这是发生在苏州街头的一个“最美的故事”。

2011年8月17日，苏州市金门路上发生了一起车祸，一名男子倒在血泊之中，伤势严重。这时，乘救护车准备去接患儿的苏州大学附属儿童医院的年轻女医生丁欣恰巧途经此地。看见眼前的惨景，丁欣立即让司机停车，她跳下车后便跪在滚烫的柏油路面上，对嘴中还在冒血的伤员进行人工呼吸。然后，急忙将伤员送进医院实施抢救。这瞬间的一幕，当时并没有人看到，而是被路边的监控拍了下来。这幅感人的照片传到网上后，被众多的网友追捧，并亲切地称丁欣为“最美的医生”!

在此之前，媒体已经报道过多例“最美”的故事。比如7月27

日重庆市“最美女孩”余书华全程救助一位溺水老人的感人事迹。余书华在施救中，毫无顾忌地嘴对嘴为溺水老人做人工呼吸，她跪地施救的善举和美德，不仅成为网上热议的话题，还被无数网友动情地称之为人世间“最美”的草根善举。

余书华是一名20岁的土家族姑娘，从北京中医药大学远程教育学院毕业后，刚走上护士岗位5个月。那天，她正走在下班的路上，听到有人呼救说有一位老人溺水，她连忙赶到出事的地方。当她赶到时，已有很多人在合力抢救老人，出于职业的本能和学过的人工呼吸医术，余书华毫不犹豫地跪在地上对老人做起了人工呼吸，然后又用胸部按压的方式对老人进行抢救，现场很多人都对她竖起了大拇指。老人被救护车接走后，她便悄悄地离开了，当时没有人知道她的姓名和身份。发帖人在现场用手机拍下了这感人的一幕，照片被传到网上后，立即引发了寻找“最美女孩”的大爱网络行动。

寻找“最美女孩”的网帖被网友迅速转发后，酉阳县人民医院护理部副主任冉玉芹在网络上看到蓝衣女孩的照片，并认出网友们急于寻找的“最美女孩”就是自己的同事余书华。冉玉芹找到她求证，余书华才害羞地承认自己就是网络热帖中的蓝衣女孩。当记者提起网友给她的“最美女孩”称呼时，余书华有点害羞地说：“当时情况危急，我相信很多人都会这样做。我学过急救，是名护士，只是做了自己应该做的事。”余书华的善举和美德在网上引起热议后，有近十万条微博参与了讨论，有网友说：“‘最美女孩’的行为是出于白衣天使的职业道德，出于蕴涵在人类自身的那种善良的本能。而草根平民的‘最美’善举，正在驱散笼罩在社会上的‘道德冷漠’‘感恩冷漠’的阴云。”

回顾今年以来种种感人的爱心救人事件，无论是杭州托举生命的“最美妈妈”吴菊萍，丽水市在民宅突发火灾时两次冲入火场成功救出两位邻居老人的“最美姑娘”叶霄雯，还是深圳不惧危险以“天使之吻”救下轻生男子的“最美少女”刘文秀，为救素不相识的白血病少女弃考捐骨髓的湖北少年杨力伟……这许许多多的最美故事，都以高尚的品德和善良的行为回应着社会的赞誉——鲜活的生命就在那里，我不能什么也不做，看着他（她）消失。这是对生命的敬畏和尊重，这是人与人之间的真善美的根本。这些“最美”的事例告诉我们，敬畏生命，尊重生命，就不会仅仅把爱心局限于自己，局限于家人。给他人以善举，施他人以大爱，会让每个人感受到生存的价值和意义，世界就会在我们面前呈现出无限的生机。

“最美”的美德何以最美？也许有人会提出这样的疑问，像施救溺水老人的余书华，不就是4分钟的人工呼吸吗；还有从救护车上跳下来给车祸受伤者进行人工呼吸的女医生丁欣，她对口中流血的伤员做人工呼吸，不正是她的职业吗？何以被冠以“最美”的称谓？不错，这样的行为的确是一种再平常不过的举手之劳，但赋予她们“最美”，是因为这样的感人故事和暖人肺腑的行为，让很多人观之崇敬、闻之涌泪，一颗颗沉寂的心，因这样的真善美而重新充满向

上的活力！

我想，赋予她们“最美”的称号，还因为她们尊重生命，护佑生命，把生命提高到最有价值的地位。这种敬畏生命的美德，于个人而言，是对自身生命的倍加珍惜，对生活的热爱，对人生的信心；于他人而言，是通过爱心善举可以帮助改变被施救者的个人命运；于整个社会而言，则有助于建立和谐的社会关系，改变社会群体的命运，激发社会向善的力量。

“最美”的美德因此而美丽，因此而焕发出艳丽的光彩，因此而形成一股温暖的力量，在让人为之感动的同时，也在人们的心里播下向善的种子。尤其让人感叹的是，这些温暖你我的“小人物”们，其善举的照片被人传到网络上后，大多在网上率先走红，受到无数网友的追捧和赞美，可见其感动人心的力量是多么巨大！在苏州木渎镇，一位美丽的少女宁肯自己时尚的衣服被雨水打湿，也要在暴雨中把自己的伞撑在一个残疾乞丐的头上；在赣州南门文化广场，一位交警俯身背起一名跌倒在地的老人；“送水哥”3年坚持给农民工免费送水，“板凳妈妈”许月华37年带大138个孤儿……当这些令人动容的“最美”在网络上出现后，很快便在微博和论坛上被数以万次的数量转载。这样的热评和赞扬，让人看到的是众多网友对善举和美德的敬意和力挺，更让人看到了一种久违的价值观的回归。

美德是一种温暖的力量，是一种感人的力量，更是一种激发社会向善的力量！在这样力量的鼓舞和召唤下，我们的社会就会更加和谐、更加美好。

（卞文志）

梦想引领现实

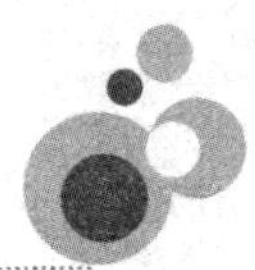

这个时代，梦想对我们每个人来讲，到底是一种奢侈品，还是一种必需品呢？可以说梦想人人有，但是每个人对梦想的判定很不一样。很多人说现在现实压力太大，梦想真奢侈，其实把梦想当奢侈品的人就会觉得梦越来越奢侈，因为关注现实越多，梦想的空间被挤压得越小。还有一种人的梦想就相当于粮食，相当于空气，是生命的保鲜剂，所有生活出发的理由和最后的归宿都只是为了这个梦想。当一个人把梦想当成生活必需品的时候，梦想就能引领我们的现实。

梦想跟环球又是什么关系？我自己在行走的时候有一个感受。我们在不同的地方，其实会完成三种不同的邂逅。第一重邂逅是完全陌生的山水风情，它让我们惊讶，让我们震撼，让我们感慨，这一切开了我们的眼界，给我们一种不同的经验。比这更深一层的邂逅，是邂逅到一种生活，一种理念，一种人的态度。同样的日子为什么有人跟我们过的不一样呢？越过这种邂逅，第三重就是邂逅了我们自己的梦想，触摸到一个从来不曾相遇的自己。人在旅行中有时候会开怀大笑，像一个天真的孩子，有时候会放声痛哭。我们穿着职业装在写字楼里，甚至在自己家人面前都没法释放出来的眼泪，这一刻迸发出来。有的时候我们会酩酊大醉，我们会像李太白那样“但使主人能醉客，不知何处是他乡”，这些时候我们邂逅到的是那个完全陌生的自己。

我们为什么要行走呢？我们去邂逅风景，我们去邂逅他人的生活坐标。最终我们邂逅了梦想中的自己，因为行走让我们勇敢。今年四月，我去了一趟印度，在印度这个地方遇见的是什么呢？我们之所以千山万水地走过去，一路很辛苦，坐飞机到新德里，再从新德里坐火车，咣当咣当在伟大而混乱的印度铁路上，颠簸八个小时，然后再换汽车，到站后，再换很小的那种蹦蹦车。经历那么多路途，最后到恒河边，去赶昆梅拉节——印度12年一次的沐浴节。我们看见成千上万的人从各个地方徒步而来，在那个地方我才真正知道什么叫摩肩接踵，因为你身上会粘着不同人的汗味。你经常会看到那些粗劣的脚后跟就在你的跟前，抬头是男人顶着的一个一个的包袱，低头是女人手里拉着的一个一个的孩子。他们比我们辛苦多了，千山万水走过来，来到恒河边上。在三个月的时间里，据说昆梅拉会聚集一两千万人。他们为什么到这里来？我曾经在40多度的炎炎烈日下问一个又瘦又小的印度人，我说你们觉得这么重要的一个节日，为什么不能每年都有一次，干吗要到12年呢？他很平静地跟我说，如果我不经过这么长的等待，心里怎么会有这么深刻的喜悦，怎么会有这么平静的喜悦呢？那时候我很感动，因为他耐得住寂寞去等一个梦想中的节日。那是一种很隆重的解释，那也是一个很俭朴的仪式，因为一切都在水中。

日本有一本书很多人看过，叫作《答案水知道》，中国也有“上善若水”之说。恒河里到底有什么呢？这是他们的母亲河，婴儿在这个地方完成洗礼——这也是他们的归宿，每个人最终会把骨灰的一小部分撒进恒河。很多人都会问我，你不觉得那个水脏吗？其实当你站在他们中间，感受生命敬畏的时候，就会知道这是一个多么庄严和肃穆的梦想。有时候我想行走会给我们什么呢？就是当你触摸他人梦想的时候，它也会变成我们自己面对现实的力量。我也在想，我们当时八个女人为什么会有那么大的精神，走过那么多艰难的路，走到烈日炎炎的恒河边呢？其实也只是为了去向他人的梦想致敬，给自己更多梦和爱的勇敢。其实这就是我说的当梦想成为一种必需品的时候，我们不会觉得它占去我们太多的时间。一个人从梦想中走过，梦想到底能给我们什么？其实梦想本身不是目的，在追逐梦想的路上，我们会真正佩服自己。

我自己在19岁的时候，曾经和两个读研究生的师兄去过敦煌的沙漠。他们两个人白天出去拍片子的时候，我有一天突发奇想，一个人想去沙漠里面看看那些奇丽风景。我从莫高窟的洞里出来时已经是下午四点。那两个师兄多次吓唬我说，你自己不许进沙漠，晚上天就黑了。我那时候天真地想：黑有什么可怕呢？我就向莫高窟的讲解员借了一个装八节一号电池的巨大手电，斜挎在身上，我想有手电就不怕了。我给他们留了一张纸条，说我去沙漠了，我带手电了，你们别担心。后来我还带着一把英吉沙的短刀，和一条毛巾，还装了火柴，带了水。我想自己装备的已经很完备了，就进去了。

那一路上，你感觉到天空的阳光一把一把地洒进沙漠，你都能听到那种金属质地落地沙沙的声音，你看见那个沙漠金灿灿的，线条从来没有被破坏过。我一个人在那里欣赏着欣赏着，突然觉得气温就像坐滑梯一样到了底，天就黑了。突然之间，沙漠里的气温连十度都不到。唯一我能够找到的植物是一种叫骆驼刺的蕨类植物，根扎得很深很深。我用那把英吉沙短刀刨那个骆驼刺，最后扒得十指鲜血淋淋，扒出一小堆，但点不着。后来在沙子里扒了一个小坑，用我的那条毛巾做引子终于点着了。很冷很冷的天，我一会儿去砍几棵骆驼刺，看着天空，天到最黑的时候都是墨蓝色的，有紫色的云团，疾走如飞。就一个人在这里一直等到凌晨。我那两个师兄找到了我，找到的时候他们俩就痛斥了我一顿，说你看你给我们留的纸条上，说你带手电了，手电有用吗？我当时想想手电真的没用。他们俩就说我，你知道沙漠里会有沙丘的平移吗？你知道沙漠会有狼吗？你知道沙漠里降温要降二三十度吗？你知道这个沙漠会有沙尘暴吗？我说我都不知道。你凭着一个手电就敢来沙漠啊？我当时已经委屈胆怯觉得犯了那么大的错误，我已经不敢说出来对一个城市长大的女孩来讲，那是我的一个梦想，尽管这个梦想显得有点荒唐。

后来我大学毕业、研究生毕业，曾经在工厂里面下放过两年。那是很特殊的一段时间，我带着户口到一个叫柳村的地方待了两年。那两年我情绪很沮丧，作为一个中文系毕业的女孩，什么苦都没有吃过，一下子扔到那个地方，连看一点书都没有一点可能了。情绪最沮丧的时候有一个朋友来看我，接着他去看了那两个师兄中的一个人，他们两个一个在美国，一个在海南，平时大家互相没有什么问候。有天我突然收到其中一个师兄给我来的一封信，他听说我情况不太好。我打开那个信一看呢，没有开头没有结尾，正中写着一行字，“我什么都不怕，我带手电了”。那一刻我拿着那张纸，看着中间的那行字，五六年前的时光突然涌起来了。我开始明白在我进沙漠的荒唐的夜晚，我背的手电是唯一没有用的道具，但是那个手电是用来照亮梦想的。它鼓励你为了心愿以一种青春的勇敢去闯荡那样一个孤独的地方，尽管有危险，但是你不知道，你就真的去了。我想我长大了，为什么会沮丧呢？就是在这个社会上，我越来越懂了什么是沙尘暴，什么是沙丘平移，为什么有狼，为什么会降温。人其实最终害怕的是自己的经验，我们往往被自己的直接经验和他人的间接经验影响，以致太害怕这个社会的规则。这个时候能给自己充电的，有时候是那些曾经的梦想和未来的梦想。

曾经的梦想会告诉我们青春是一种资本。你已经做过的事情告诉你，你还可以去做更多的事；而未来的梦想是生命的保鲜剂，一步一步走过去，你会觉得就像手电光一样，在心里也是一种能量。我自己喜欢一句古诗，叫作“无迹方知流光逝，有梦不觉人生憾”。人生没有痕迹，就像光阴流水一样都走完了，但是幸亏有梦，有梦就不会觉得人生太寒冷。如果有梦，哪怕我们是一粒轻沙，越过千山万水去演绎一幅一幅沙画，到最终梦想会变成我们生命中真正不得剥夺的资源。当我们走的那天，钱不能带走，房子不能带走，孩子不能带走，我们唯一带走的是这些曾经的经历，而鼓励我们去积累这些经历的只有一个，那就是梦想，祝大家梦想都成功。谢谢。

（于丹）

自我激励——实现人生价值的阶梯

激励，就是持续地激发工作或学习积极性的过程。从来源来看，有来自社会、组织、领导、他人的激励，也有来自自我的激励；从对象来看，有对他人的激励，也有对自我的激励。外来的激励是一种反应性激励，具有被动性；而自我激励是一种自主激励，具有主动性。那么，要想使自己获得成功，我们如何进行自我激励呢？一般地说，应从以下几个方面入手。

一、目标自我激励。目标不仅对个体行为具有导向、调节、整合作用，而且具有激励作用。人生应有目标，“人无远虑，必有近忧。”许多有成就的人都是始终有着稳定的人生目标的人。目标有大目标，也有小目标；有长远目标，也有短期目标。小目标是大目标的分化，短期目标是长远目标的分化；大目标或长远目标的实现是由小目标或短期目标的累积达成而最后完成的。大目标或长远目标像一座灯塔，引导和激发个体不断前进，满怀希望。而小目标或短期目标的不断达成，又使个体不断地享受成功的喜悦，因而不断地爆发出无穷的工作热情和工作力量。

二、责任感自我激励。责任感是一切道德品质的核心，它是一种对自己、他人、集体、国家和社会认真负责的精神。凡是具有高度责任感的人，对待自己往往是自信、自立、自强、自律、自尊、自励、自重、自爱等；对待他人往往是仁爱、平等、尊重、亲睦、关心、真诚、信赖、协作、帮助，“老吾老以及人之老，幼吾幼以及人之幼”“已所不欲，勿施于人”等；对待集体往往是奉献、尽职、尽心、自我牺牲、公而忘私、大公无私等；对待社会和国家则是“位卑未敢忘忧国”“天下兴亡，匹夫有责”“先天下之忧而忧，后天下之乐而乐”等。正因为如此，所以，每一个有志于成功，有志于实现自身价值的人，首先应当从各个角度培养自己的责任感。只要这种高尚的责任感建立起来，它将成为一种无穷的激励力量，激发个体认真负责，勤勉工作，不断进取，努力创造。

三、榜样自我激励。榜样是行为的参照体，“榜样的力量是无穷的”。榜样可以启发人如何做人、如何做事；该做什么，不该做什么。所谓“见贤思齐”“以人为镜可以明得失”就是指榜样的激励和导向作用。那么每个人应当以什么样的人为榜样以及如何确立自己的榜样呢？这要根据自己的职业和兴趣而定，从事政治活动的人，当以唐太宗、王安石、包拯、孙中山、毛泽东、邓小平、焦裕禄、孔繁森等人为榜样；从事实业的人，当以荣敬宗、荣德生等人为榜样；从事科学研究的人，当以钱学森、华罗庚、竺可桢、陈景润等人为榜样；从事艺术的人，当以齐白石、徐悲鸿、梅兰芳等人为榜样；从事文学的人，当以曹雪芹、鲁迅等人为榜样；从事教育的人，当以孔夫子、蔡元培、陶行知等人为榜样……所有这些为中华民族五千年之兴旺发达做出过巨大贡献的不同领域的杰出人物，均可作为行为的榜样。为了确立个人行为的榜样，个人可以听宣传、看影视、读报纸等，但最好的方式是多读人物传记。有人将阅读传记看作是与伟大人物和智者交往、对话，这种看法，一点也不过分。阅读优秀人物的传记，确实可以提高一个人的认识和修养，激发人奋发进取的愿望并教人以达成愿望的途径。

四、成就需要自我激励。成就需要是一种内化了的优越标准的成功需要。我国心理学家俞文剑教授认为："凡是有成就需要的人，都有以下的行为特征：①事业心强，敢于负责，敢于寻求解决问题的途径；②有进取心，也比较实际，甘冒一定的可以预测出来的危险，但不是去进行赌博，而是有进取性的现实主义者；③密切注意自己的处境，要求不断得到反馈信息，以了解自己的工作和计划的适应情况；④重成就、轻金钱，工作中取得成功或攻克了难关，从中得到乐趣和激情，胜过物质的鼓励。报酬对人来说，是衡量进步和成就的工具。有成就动机的人，更多的是关心个人的成就，而不是成功后的报酬。"（俞文剑：《管理心理学》第576~577页）而且美国管理专家威纳和鲁宾的实验研究也表明：成就需要与工作绩效呈正相关，即成就需要越强，工作绩效越好。因此，作为个体，应当注意培养自己的成就需要，要有为集体、国家和人民干一番事业的雄心。有了这种需要，就可以转化为成就动机，进行付诸成就行为，经过不断目标达成，最终成为一个有所成就，有所建树的人。所以，成就需要是进行自我激励的有效手段。

五、行为准则或座右铭自我激励。一个人所确立的行为准则或座右铭是其思想或信念的体现，对其行为具有很强的规范和激励作用。如孙中山先生的座右铭是“天下为公”；李大钊先生的座右铭是“铁肩担道义，妙手著文章”；周恩来先生的座右铭是“为人民服务”，行为准则是“严于律己，宽以待人”；范文澜先生的座右铭是“板凳要坐十年冷，文章不写一句空”；陶行知先生的座右铭是“捧着一颗心来，不带半根草去”；还有人提出为官十“忌”的行为准则；“一忌奸，必须忠；二忌偏，必须正；三忌骗，必须诚；四忌贪，必须廉；五忌懒，必须勤；六忌浮，必须实；七忌骄，必须谦，八忌聋，必须聪；九忌懦，必须勇；十忌庸，必须贤。”所有这些，不仅反映了每个人的思想和信念，亦激励每个人为中华民族之兴旺图存做出了卓越的贡献。行为准则或座右铭有健康与不健康或积极与消极之分，如果一个人选择了“人不为己，天诛地灭”，或“人生在世，吃穿二字”，或“千里做官只为钱”，或“今朝有酒今朝醉”，或“有权不贪，过期作废”，或“人为财死，鸟为食亡”等消极言论为座右铭，那么这个人是注定不会对社会、他人和集体有所贡献的，只会成为国之赘疣，民之公敌。所以，作为国家公民和建设者的个体，应当选择健康的言论作为自己的座右铭或行为准则，以此激发自己的工作热情和创造智慧，为实现人生的价值而不懈努力。

总而言之，每个人不仅要接受外来的激励，尤其应当重视自我激励，应当从目标、责任感、榜样、成就感、行为准则或座右铭等方面进行自我激励。只有能有效地进行自我激励，才能有效地对他人进行激励。也就是说，自我激励不仅对个体发生作用，亦将对同事、同学、同伴等发生影响，进而产生良好的社会效果。

（杨春晓）

让良心替你拿主意

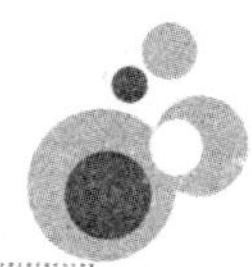

我国西南边陲小城瑞丽素有“中国的翡翠源头”之称。这里最大的一家珠宝店是一个叫张安凤的女人开的。她来自湖北武汉，数年前因为企业倒闭下岗，为了谋生计不得不背井离乡出来打工，这样一个没有任何背景的女人，却把生意做成了瑞丽珠宝行业的老大。

这一天，店员给她送过来一块小小的石头，并轻声解释了一番，看着店员兴奋的笑脸，张安凤也陷入到了一种两难的困境之中。

那是一块橡皮大的翡翠，闪着清冷的光彩，可此时在张安凤手里感觉就像烫手的山芋，拿也不是，不拿也不是。原来，半个月前，昆明的一个客户在张安凤店里看中了一块碧绿剔透的翡翠，虽然价值不菲，但来人出手阔绰，当即拿出138万买下了，并让张安凤用这块料子给她定做一件首饰。张安凤深知玉石的珍贵，为了能尽量节省原料，她和雕刻师反复研究，根据石头的特点精心设计，包括如何切割都作了细致的谋划，最后她们选定了最费工却最经济的工艺，结果成品做好后，还剩下了一小块比较完整的玉石料。你可别小看，这块料值20万啊，这可不是个小数目。看到张安凤犹豫的神情，店员忍不住劝道："大姐，我们已经按客人的要求做出他要求的东西了，剩下的这块玉石料子不给他也说不出什么。况且这块料再做点儿别的东西可以卖几十万啊，有钱不赚，咱们不是傻吗?"

这其中的道理张安凤自然是懂的，可她唯一觉得不对劲的地方，就是良心不安。她一会儿从柜台里拿出来，端详一阵子，一会儿又放回去，起身在屋里徘徊。想来想去，她终于想明白了——心里不踏实的钱不能挣。

客户来拿货的日子到了，张安凤拿出客人订的作品给他看，满脸带笑地问："喜欢吗?"

客户一边爱不释手地摆弄着那别致玲珑的小东西，一边乐开了花似的说："非常喜欢，非常满意，很开心!"

看着客户满足的样子，张安凤很轻松地又把那块剩余的料子拿出来，递给客户。客户有些搞不懂她的意思："这是什么?"

张安凤平和地说："这个是省下来的，还能够做一件好的作品。"

客户一听这话，非常惊讶，也非常感动："我也在别人那里做过生意，但是从来没有给我过什么，连一点儿渣子都没给我!"从那以后，这个昆明的客户不仅接连跟她做生意，而且还介绍了不少朋友给张安凤，换来了源源不断的生意。

在光芒四射的宝石的诱惑面前，张安凤选择了良心，这也许就是一没文化二没资本的张安凤，却能将生意做得这么大的原因所在吧。因为欲望，人最容易在看到财富时失去平衡。古人说：君子爱财，取之有道。当在财富面前拿不定主意时，不妨问一问良心，经得住良心拷问的财富，才赚得平安、持久。

（青青子衿）

有爱，还有什么不快乐？

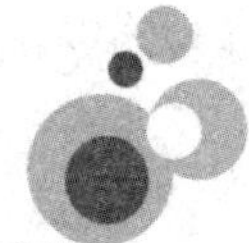

冬天来的时候，我和天辰还没有找到工作。地下室里晦暗阴冷，我待在里面，裹了两床被子，还是觉得寒冷像针尖一样，在我身上密密麻麻地扎着。天辰背着房东，捡了木头来给我烤火。木头太湿了，天辰拼命地扇着，冒出来的还是滚滚的浓烟。我剧烈地咳嗽起来，天辰慌慌地扔了扇子，过来开窗户。我被冰冷的风一吹，终于在烟雾里哗哗流出泪来。

我和天辰皆是学历不高的专科生，在这个最不缺人才的北京，我们奔波了一个多月，吃尽了冷眼和嘲讽，依然没有人肯给我们一份能够糊口的工作。有时候跑了一天，天辰骑了破旧的自行车载我回去。我倚在他并不坚实的后背上，看着灯一盏盏地亮起，公交车在这样的夜色里，载满瑟缩又快乐的人们，飞快地开往回家的方向。我和天辰，也是回家。只是那个家，无法给予我们想要的温度和幸福，我们唯有自己温暖自己。尽管，我们无法知道，我们的体温，能不能抵挡住这个冬天不断的寒流来袭。

一个月前，我们放弃父母安排好的舒适又薪水不薄的工作，还有一份所谓的门当户对的爱情，像毕业前我们约定的那样，逃到北京来，寻找一小片可以让我们的爱情生根发芽的土地。北京太大了，每次我单独出行，都会迷失方向。但是天辰，却每次都能根据我的短信内容，准确无误地找到我，非常心疼地将我领回家去。一路上我们会收到许多短信，全都是从彼此的小城里发过来的，内容也都极其相似，说：过不了几个月，你就会知道，所谓的理想和爱情，再怎么坚定，也是熬不过贫穷和现实的；也好，吃些苦头，你就知道，安稳无忧的小日子，不是每个人都能像你一样触手可及的。这样的短信，经常没看完，便被我们不约而同地删掉了。人心本就是脆弱的，我们不愿像父母预言的那样，熬不过这个冬天便卷了铺盖，丢掉爱情，回家与一个不爱的人，共度衣食无忧的寂寞时光。我们所能做的，是握住彼此的手，相依相偎着，执着地走下去。

我们的钱包，已渐渐地瘪下去。我学会精打细算地过日子，总是等到天暗下来的时候，才跑到菜市场，在摊主不屑的注视下，将降价贱卖的青菜，欣喜若狂地提回小屋去。我最拿手的，是熬红米地瓜粥。用文火慢慢地煮，我坐在一旁，一边构思着能换来更多粥喝的小说，一边听着气泡在锅里欢快地唱歌。我知道这个时候，天辰快回来了，说不定会带来一个值得好好庆祝的消息。即便没有，也没有什么，喝完了香甜温润的地瓜粥，我们会有更多的力气，跑更多的地方去寻找新的工作。这么好喝的粥，不仅会温暖我们的心，亦会将我们一次次破灭掉的希望，重新激情昂扬地鼓舞起来。

这样坚强撑下去的结果，是我在一个公司谋得一份文员的工作，而天辰，也终于被一家报社接纳。尽管我们的试用期里只给些微小的补贴，但这足以让我们在骑车回家的时候，可以随着叮当作响的自行车，在寒风里有了大声歌唱的理由和资本；亦可以在房东催交房租的时候，很豪爽地告诉他，我们都有工作啦，说不定几个月后，会搬到比你家更好的房子里去住哦；更会在父母的威逼利诱里，骄傲地告诉他们，这么冷的冬天，我们在地下室里，也可以拼出他们想象不到的美好和甜蜜。而一路上那些小商小贩，亦不再看到我们经过时将声嘶力竭喊叫着的喇叭懒懒地关掉，他们从我们喜气洋洋的容颜里，看到了无限的商机。尽管，我们的钱包里，依然没有多少钱，我也还是会和以前一样，在琳琅满目的商品面前，将口袋按了又按，终于还是微微笑着走开了。

可是我知道，终于可以有一小片土地，让我们的爱情生根发芽，像那些高楼大厦里的白领们一样，幸福地在北京茁壮成长。因为，我们爱情的种子，那么地鲜亮饱满而又健康，在只有粥可喝的贫穷时光里，我们尚能互相扶持着走了过来，那么，还有什么风雨，它不能抵挡？还有什么寒流，它不能傲然地面对？

（安宁）

如果蚂蚁会跳街舞

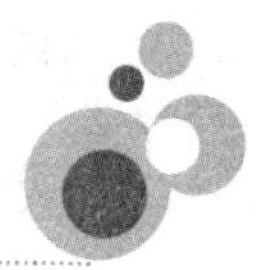

出个智力题：你是否曾想象过蚂蚁也做有氧运动？是否想象过蚂蚁也跳街舞？有三个备选答案。

1. 不可想象：蚂蚁没有腰，做什么有氧运动啊？（选择此答案的人传统观念很强。）

2. 没有想过：平时快忙死了，哪有时间想这些事啊？（选择此答案的人为了生存而生活。）

3. 哇，多么有创意，这完全有可能。（选择此答案的人想象力非常丰富。）

那么，让我们来个换位思考。蚂蚁国里正在举行智力竞赛，也许会有这样一道题："蚁民们，听说地球人会跳舞，还会打冰球踢足球，这是真的吗？一分钟之前他们还爱得要死要活，一分钟之后却又会反目成仇，这是真的吗？"

当然，蚂蚁和人类在大小上不成比例，差别很大。我们用手指轻轻一捏，对蚂蚁来说可能就是灭顶之灾；洒上一杯水对蚂蚁来说无异于洪水暴发，对着蚂蚁打个喷嚏就是台风突袭。蚂蚁与人类大小有别，生活也有差别吗？答案无人知晓。

现实主义者只相信自己的眼睛，他们的人生僵硬，缺乏色彩。在蚂蚁国度里，也许会有把手放在胸上一边大秀热舞一边唱着让人心动的2PM的蚂蚁组合，也许会有能跳出美奂绝伦的三周跳的金妍儿蚂蚁……这样想象丰富的人生是多么富有情趣哇！

在看电影《阿凡达》时，我听到一个孩子对妈妈说："我也想去纳美族人生活的地方。"妈妈却顶头一瓢冷水浇灭了孩子的想象："别瞎想了，世界上哪有那样的地方，那全是假的。"

坐公交车回家时，一个正在吃巧克力的孩子问妈妈："如果把巧克力种在地里会怎样呢？"妈妈就像一个冷面判官一样，把孩子的疑问判了死刑："你整天乱七八糟地想些什么呀？这点像谁呀？哧！"

如果我是孩子的妈妈，听到这样的问题我会高兴得跳起来："哇！你的想法太奇妙了！把巧克力种在地里当然会长出一棵巧克力树了，树上结满了巧克力，就连小鸟都会飞来吃巧克力。据说吃了巧克力会产生超能量，鸟儿就会在空中高高翱翔。你的想法真有趣。"

想象是一种自由。想象会创造奇迹。有了想象，我们的心就会慢慢膨胀，成为红橙黄绿青蓝紫的"七色彩虹树"。彩虹树就是想象的沃土。如果想让人生更加丰富多彩，就在心中种植一棵彩虹树吧！

在美国曾发生过这样一件事。有一家人在乘坐一艘船游玩时遭遇风浪，船被打得千疮百孔。妻子和儿子劳累过度，困得睁不开眼睛。在这样的环境下，睡着就意味着再也醒不过来了。爸爸于是问儿子："如果回到家的话，你最想干什么？"儿子眼睛一亮："爸爸，我太饿了，我想吃汉堡。""好的，回去之后我把所有的朋友聚集在一起，给你开个汉堡派对。"他又问妻子："亲爱的，你最想干什么？""我想在床上甜美地睡上一觉。""好，我要给你买一个柔软舒适的新床。"妻子也反问他："你呢，你想干什么？""我想美美地喝上一顿啤酒。""那我给你买100箱啤酒。"妻子仿佛受到了感染，心情也愉悦起来。

就这样，他们一家人一边想象一边互相鼓励，终于等来了救援。这就是想象的奇迹。如果他们心中没有想象的彩虹树，结果会怎样呢？

俄罗斯人权运动家索尔仁尼琴被长时间关押之后获释。出狱后他对记者说的第一句话就是："是想象力救了我！"非暴力主义者甘地也留下一句精彩的名言："生活简朴，思想高深。"

请仔细分析"life"（生活）这个英语单词，在这个单词的中间嵌着一个"if"（如果）。如果我成为韩国的比尔·盖茨，如果我成为韩国的爱因斯坦，如果……这些大胆的想象力正是我们不断前进的推进器。

（崔润熙　陈龙江　编译）

低头见花

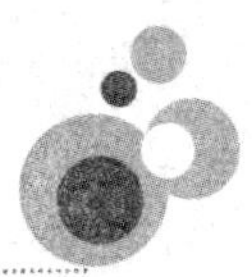

有些东西，只有低下头来，才会发现它的存在，或者它的美丽。就如尘埃之中，那些被忽略的闪光之珠，又似回首时，眷恋着的，总是那些不经意间走过的寻常点滴。

在夏日的山岭间攀爬，至顶，四望都是起伏峰峦，长风浩荡，单调的苍凉与沧桑漫卷心头。只是一低头的刹那，见谷间丛丛簇簇的灿烂，那些幽幽的花儿，就在这样不期然的时刻，与我的目光猝然相逢。于是，高处的寂寞与孤独消于无形，那些年年开且落的幽谷之花，把一种心绪点亮，把一种感动暗放。

有的人，在境界上，或者在道路上，远眺众人，于是有了高处不胜寒的喟叹。其实那只是一种性情上的缺失，他们过多地注目于自身的高度，从而错过了许多开在尘埃里的花。可那些在低处默默的东西，却是无比的宽容，它们就在那里，我们只要低下头，就会与美好相遇，它们就会给我们一种全新的心境。

有一年去一个大草原的深处，碧草连天，极远极淡处，天之蓝与草之绿交融于一处。驰心骋怀间，为无边的绿而震撼，也为其无涯而感到怅然。此情此景之中，极想看到一点别的色彩，来缓冲那种万里的单一。同行的旅伴却惊喜地叫：“看，脚下的草里有花！”于是都低头，那些狭长的草叶间，生长着一种不知名的小花，没有指甲大，黄白两色，此时却是如此地装点着我们的眼睛和心灵。

而更多的人，更像那些深谷之中抑或草叶之下的小小花朵，终其一生的平凡，就连那花也是毫不张扬，湮没于芸芸众生之中。可是，我们却很少有人抱怨，其实也并没有什么好抱怨的，只要能努力开出自己的花，即使再小再素淡，也是芬芳美丽的一朵，也会在某个时间，落入别人惊喜的眼中。如此，就足够了。就算无人用温柔的目光把那些花轻抚，只要绽放过，就是无悔。

每一个生命都是一朵花，每一个生命也都是一个赏花者。我们在行走的匆匆里，不忘时常低头去看那些朵朵的美丽，同时也努力让自己的生命芬芳四溢，期待在某天，映亮一双落寞的眼睛。

相互洇染，相互温暖。我们与那些花的距离，我们与那些美好的距离，其实只隔着一低头的空间，只隔着一低头的瞬间。

（包利民）

向梦而飞

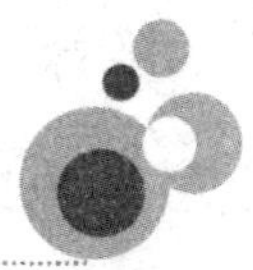

她是一个农村女孩。那年她读高三，父亲突患癌症，花掉了家里所有的积蓄。为了供同在高三读书的哥哥上大学，她偷偷地办理了退学手续，买了张去广东东莞的火车票，开始了自己的打工生涯。

两天后，她来到东莞，成为一家台资企业——汉华光电集团的一名普通打工妹。到公司的第一天，她就暗暗下决心，一定要好好干，不能永远当一名普工。

入职半年，公司组织招考，她鼓足勇气报了名。虽没能被录取，但对她来说，也是一次有益的尝试。随后，她在公司的每一天，除了工作，就是复习巩固高中的功课。两年后，公司再次举行招聘储干考试，她再次报名参加，并以优异的成绩被录取。她非常珍惜这来之不易的机会，为了当好储干，她白天上班，晚上学习，货仓课长发现她工作特别细心、踏实，有搞财务的潜质，就把她调入调货仓做账。

从没学过电脑的她从五笔打字开始，一个星期时间，就学会了制作表格、收发邮件，完全能够胜任事业部的财务工作。很快，她还根据公司软件升级的需要，成功制作出最新模块的操作手册，同时作为授课教师给各事业处授课。因为表现出色，两个月后，她担任了货仓课长，接着，又被调入企划部工作。

因为一心想到更大的舞台锻炼自己，学到更多知识，五年后，她毅然辞去本来已非常熟练的工作，来到深圳卓飞科技有限公司，从最苦最累的员工干起，一点一点积累经验，一步步做到小组长、组长，一年后获得了“优秀职业经理人”的称号。

然而，多年来她经常做着同一个梦：高考考场上，因为自己没有带准考证，老师不让她进场，她哭着哀求老师，哭着哭着就醒了。没能上大学，一直是他的心结。

2010年12月，一位同事告诉她，北京大学和广东省联合搞了个让农民上北大的行动，名叫“梦圆计划北大100”。她迅速找来当天的报纸，报纸上说，北京大学联合广东团省委，在2600多万名新生代农民工中遴选100名农民工入读北京大学，毕业后颁发国家承认的本科文凭。更重要的是，有三家大型国企提前给他们下了“订单”，承诺毕业后照单全收。

这一消息让她无比振奋，于是，在随后的备考日子里，她千方百计搜集成人高考的有关试题，认真梳理出考试范围，制订出具体详细的复习计划。她挤出工作之余的所有时间，争分夺秒，拼命学习。因为她是公司的骨干，需要经常出差。每次出差，她也不忘带上复习资料，坐在车厢里看书，住到宾馆时练习，坚持按自己的复习提纲完成每天的学习任务。

2011年3月12日，她终于迎来了北京大学的统一入学考试，她以优异的笔试成绩从2041名考生中胜出，成为进入面试的考生。在随后举行面试中，她再次以出色的表现，从276名考生中脱颖而出，赢得了评委的一致好评。5月17日，她参加了北京大学举行的开学典礼，正式成为“北大100”的首批学员，实现了梦寐以求的大学梦。

她就是安徽的姚春梅，一位深圳打工妹。面对自己的成长经历，她激动地说：“在知识改变命运之前，命运抢先一步隐藏了梦想。没想到，‘北大100’让我第一次体会到，梦想的心跳是那样有力。”

（朱吉红）

感知美好

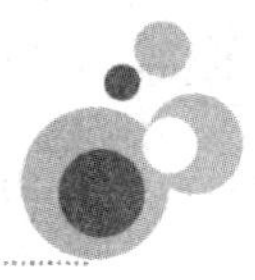

长年耕耘在乡村教育的讲台上，我常常为那些稚嫩的心灵感动。她们犹如乡间的小草，只要春风轻拂，就会张开笑脸，迎风摇曳，绽放出自己的善良与美丽。

有一位叫魏小娟的女学生，她不时尚、不潮流，既没有MP3，也没有QQ号；她不知谭杰希、曾轶可，也不爱“快乐大本营”。“90后”的她，如“70后”的学哥学姐，心无旁骛，一心向学，深受老师喜爱。

上课提问时，老师都喜欢把难题留给她，希望她能答出来。可是，她站起后总是摇摇头，“我也不知道”。她的回答让老师无比失望。

问及原因，她轻声对我说：“如果答对了，老师就会表扬我，而答不上来的同学就会自卑。”

她的话，瞬间触动了我的心，让我生出许多感动与美好来。

刘甜是个内向的孩子，寡言少语，独来独往。坐在教室一隅的她，如花园里的一株芨芨草，把细小的花藏在叶下，静静开放。她

住校，但很少回家。听学生说，她父亲去年矿难身亡，母亲在福建当保姆。是的，她是位留守学生。

记得期中考试后的一天，她来到办公室找我："老师，借我30分好吗？下次考试我每科多考5分还您。"她的语气几乎是祈求的，低着头，手不停地绞着衣角。怕我不明白，她接着说："昨天，妈妈打电话来问我的成绩。我骗她说，期中考试我进步了30分。如果我妈打电话来，您就说……"还未等她说完，我就生气了："你怎么能欺骗你妈妈呢？"见我不高兴，她的头埋得更低了，嗫嚅着："我知道我没考好，但是，如果我妈知道我进步了，她会很高兴的。我想让妈妈高兴，好让她在福州安心打工。"

顿时，我有一种想流泪的冲动，她那美丽而善意的谎言直抵我的灵魂深处，让我感动不已。

家住大山深处的张建波，从小跟着爷爷奶奶长大，是位顽皮的男学生。来小镇上初中后，爷爷奶奶无力的管教更是鞭长莫及了。渐渐地，他爱上了网游。为了上网，他会"省吃俭用"，也敢夜半翻墙。他沉迷其中，忘乎所以。

作为班主任，我耐心教育过，批评处罚过，但他恶习难改。无奈，我不得不向他发出最后"通牒"：如果再踏进网吧半步，停课一周。

可是，好景不长。一个月后的一天，值周老师又把他带到办公室，说他中午去上网了。看到张建波一副"追悔莫及"的样子，我就气上心头："张建波，你现在就去教室把书包拿来，给我回家走人，不要来上课了。"他见我动怒，突然哇的一声哭了出来："老师，我没玩游戏，我是去发帖子。呜呜呜……这次泥石流，村里的房子都淹了，乡亲们什么都没有了。我上网发帖子，希望有好心人能来帮帮我们，呜呜……"

这一刻，我的心被深深地震撼了，想不到他顽皮的后面，竟掩藏着一颗博大的爱心！

这些学生，他们拥有着一颗善良而美好的心。那个为他人考虑的魏小娟、懂事的刘甜，还有想为乡亲解决难题的张建波，他们的善良和爱，虽不着一丝痕迹，但是能让我们感受到春天的温暖。他们，只是我学生中拥有美好心灵的三个。而拥有这样心灵的学生，绝不仅仅是这三个，更不仅仅限于学生。在学校里、在工作中，处处都有这样柔软的心灵。只要我们用心捕捉、用爱感知，必将感动常在、温暖久长。

（谢国渊）

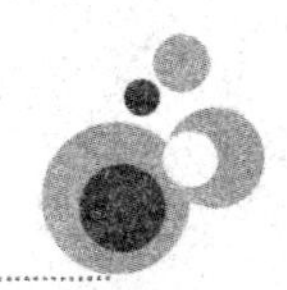

把宽阔还给心灵

一

班里有这样一个学生，谁都不愿做他的同桌，没办法，只好让他一人单着，在教室的一角。

私下里，我问那些不愿跟他同桌的学生，他们的答案竟然出奇的一致：他不看别人的优点，只看别人的缺点。

一个人的优点就像那平坦的路，缺点就像那崎岖的路。走平坦的路，也走崎岖的路，这就是宽容的做法。一个人如果只喜欢走平坦的路，厌恶、逃避那些崎岖的路，那么他往往无路可走，结果只能把自己逼到一座孤岛上，成为“孤家寡人”。

二

一次，在公路边等车。一辆车突然停在我跟前，我上去一看，马上就下来了。不是因为车里没有座位，怕站着，而是车里已经有不少“站客”了，他们已经属于超载的内容了。我不想让车因为我变得更加拥挤、沉重。

生活本来是宽阔的，而它之所以时常变得狭窄、拥挤不堪，是因为有些人进了不该进的空间。要知道，这个世界上，存在一些“禁地”，你是否越雷池一步，往往取决于你的自觉与修养。

三

一个中午，我在学校操场上闲逛。虽然脚步轻轻，但我还是把一群在一片枯草里觅食的麻雀给吓跑了。我仿佛就是它们的敌人。其实，我没有一点歹意。肯定是它们误解了我，把我当成了坏人。

一些错误的猜测、误解把原本和谐的关系给搅乱了，无形中那一道道藩篱、栅栏把原本宽阔的生活给分割得支离破碎。而所谓错误的猜测、误解就是心灵走错了路，南辕北辙。

四

一次，由于我过于冲动，当着一个朋友的面竟然骂了我的另一个朋友。事后很后悔。可是，为时已晚。因为我那位朋友已经把我的话捎给另一位朋友了。之后，我想请他原谅，可是他不再理我。

生活中，我们难免会说一些不该说的话、做一些不该做的事。其实我们都生活在烟火尘世，有时候犯错实属难免，但可恶的是，一些人不但没有去制止它，反而给它安上了滑轮，让本该熄灭的错误之火又开始蔓延，使“伤情”扩大。

五

曾经有那么一段时间，我不喜欢跟任何人交往，自己把自己封锁起来，好像变成了一只井底之蛙，在有限的天地里生活。

我的一个好朋友见我如此自闭，便带我去爬山。到了山顶，眼前辽阔无比。

我明白了朋友的一番好意。他间接告诉我：一个人如果视野狭小，那么在他的生活中就看不到宽阔，而看不到宽阔的人，肯定会把路越走越窄，直至无路可走。

六

一次，同事小李去某单位办事，原本很容易办成的一件事情，结果泡汤了，而我的另一位同事小高，也去该单位办同样的一件事，并且所找的都是同一个人，结果办成了。不同的是，小李过去曾欺负过他一次，而小高则曾帮助过他一次。

他们都对我说起这事，而这事给了我这样的启示：你的善行，即使很小，也是一粒种子，而它往往能长成好运，相反，那些恶行，即使很小，也是一粒种子，而它往往能长成厄运。而事实一再证明：好运能拓宽你的路，而厄运则常常把它堵塞。

（韩青）

救赎的途径

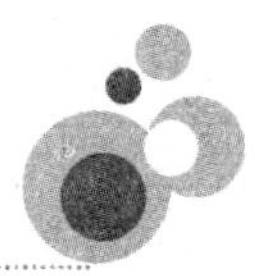

寻求救赎是人的一种本能。在心灵的深处，自我总是孤独的，拯救与被拯救总是一对矛盾，而这矛盾的主要方面，就是寻求救赎。人为了寻求救赎，总是在寻找各种可能的途径，比如遵从各种道德、各种宗教的教义，等等。

笔者认为，救赎的途径有几个方面：

诚信。从文化角度看，诚信也体现了一种人格境界的追求。在仁、义、礼、智、信的道德建构中，诚信是最基本的，是产生其他德性的基础。没有诚信，智的作用就是反方向的或是对社会有害的；没有诚信，礼就是虚伪的，仅仅具有华丽的外观价值而没有任何实际意义；没有诚信，人与人之间交往所体现的义也就是空的，不会落到实处；没有诚信，仁就是虚假的。所以，诚信是人与社会或人与人之间交往时应具有的基本德性，离开诚信，人与人之间的其他德性就成了奢侈品或样子，只能具有观赏意义。

理性。理性实质体现的就是科学精神，就是尊重客观规律和尊重事实的精神，就是“真”和“求真”的精神。虽然在自然界面前，

人类已经掌握了其中的许多奥妙和规律，但人类应当尊重这种规律，而不能无限制扩张欲望，人类应当将自己的欲望限制在规律允许的范围内；否则，就只能说明人类要么是无知的，要么是鲁莽的。

敬畏。在浩瀚的宇宙面前，人类所掌握的知识实在是少得可怜，就像黑暗隧道中的火把，虽然在不断导引人类的前行，但照亮的部分毕竟是局部，人类整体仍处在黑暗的隧道中，仍在有限的知识中进行着无限的探索。所以，人类更需要面对的是一个不确定的世界，而不是一个确定的世界。面对不确定的世界，保持敬畏也是人类的一种理智选择。这里，敬畏既表示一种尊敬，也表示一种畏惧，是尊敬与畏惧的一种混合。敬畏实质也是一种平衡，是人类与不确定的世界之间的一种平衡，也是人类感性与理性之间的一种平衡。

平等。一方面，人与人之间要追求平等；另一方面，人与自然界之间也应追求平等。我们应在尊重自然的基础上，再谈合理利用自然的问题，而不能将人类高高凌驾于自然界之上。否则，我们人类就会既有可能遭到自然界的报复，也有可能遭到造物主的报复。

节俭也是人类实现救赎的一条有效途径。一个人的过度消费，就意味着另一个人的生活不足，这是人对人的一种犯罪。过度消费意味着对自然界物质和生命的过度消耗，这是人对自然界的一种犯罪。在现实生活中，节俭主要体现为个人一切消费主要以自身合理需要为界限，具体表现就是在生活中注重清静、寡欲、适度，不追求物质攀比，注重精神追求、勤劳、节约等行为。

爱也是人类实现救赎的一条途径。爱要建立在节俭、诚信、理性、敬畏、平等的基础上，否则，爱就是纵欲，就是自私的另一种形式。自由也有助于实现救赎，但自由也要体现节俭、诚信、理性、敬畏、平等等理念，否则，自由就是对别人自由的侵犯，就体现不了救赎精神。

（宋圭武）

狠狠地热爱

心血来潮，忽然很想做一个测试：如果你整天忙忙碌碌，做最累的工作，赚最少的钱，租住又旧又小地界又偏僻的房子，而且一刻也不能停歇，你会快乐吗？别人住豪宅，开宝马，吃腻了山珍海味，厌倦了声色犬马，挥金如土，气势如虹，而你却要为一日三餐马不停蹄地奔波在如火的大太阳下，汗珠落地摔八瓣，看人脸色，低声下气，你会快乐吗？

带着一点小小的恶作剧的心理，问了几个朋友，得到的答案几乎是一致的。朋友小赵性子耿直，快人快语，他说：我脑子长歪了？让驴踢了？算不过来账是怎么的，我快乐得起来吗？人家坐着我站着，人家吃着我看着，人家坐车我跑步，人家休闲我忙碌，我凭什么快乐呀？

这个答案一点都不意外，生活在滚滚红尘之中，平常之人都有一颗平常的世俗之心。

另外一个朋友小江，倒是心平气和，他说：我不会快乐，但也不见得会生气，人活天地间，各人有各人的造化，各人有各人的命，他住他的豪宅，我住我的草房，井水不犯河水，互不相干，根本没有可比性。对了，忘记说了，香车豪宅未必尽是如意人生，未必没有烦恼，草房之内也未必尽是忧愁，幸福的尺度不一样，快乐的标准不相近，所以很难说哪种生活更快乐！

我打趣他，你出家算了，一点气焰都没有。他好脾气地笑笑：我不是故作姿态，我真的是这样想的，我不想做房奴，也不想做孩奴，更不想做什么工作狂，只要身体健康，食有粥，就上上大吉了。

唯有朋友小唐跟他们的答案不同，而且出乎我的意料，她说：我会快乐的。为什么不呢？虽然我目前的状态是居无定所，去外面吃个像样点的饭都很奢侈，连份像样的工作都没有，是个彻头彻尾的“蚁族”，可是我一样会很快乐！因为我没有时间去抱怨什么，更没有权利去挥霍青春，我能够掌控的，就是好好活，一点一滴都是生活的滋味，让生活美好起来。

唐是一个“80后”的女孩，大学毕业后换过很多工作，做过推销员、广告公司职员、媒体从业人员等等，每一次她都咬牙坚持着，拿很少的薪水，和同伴一起租住很小的房子，每个月的开销都有预算，告诫自己不冲动消费，关注折扣信息，只买自己需要的，不参加一些无聊的应酬，不随波逐流，不人云亦云。

我惊叹她的理性，看着她像一只蚂蚁一样，不停地在都市里奔波忙碌，不懈地追求和努力，一点一点靠近自己的梦想。她说，我有梦，所以我很快乐！

她常常教我一些生活的小常识和省钱的小窍门，比如早餐不能空腹，一杯牛奶、两片燕麦面包，对于恢复体能有很好的帮助，可以精神饱满地开始一天的工作；喝牛奶时不能空腹，否则蛋白质会凝结，影响肠胃吸收。

我不认识似的盯着她看，盯着这个无限热爱生活的女孩看。是的，狠狠地热爱，我喜欢这个说法，这说明了一个人的状态。她笑，我脸上结大米了？你看什么呀？我说，你真了不起，你会成功的。这句话是由衷的。很多人身处逆境的时候，奋斗过几次，没有成功，也就放弃了，可是她不，她一直坚持不懈。

她的脸红了，小声嘟囔：蚂蚁很小，每天都在为了一份食物而不停地忙碌，一刻也不偷懒，一刻也不停歇，没有人会停下脚步关注它们的状态，可是蚂蚁也有自己的喜怒哀乐，必须学会自我调节，自我掌控。人生短暂，快快乐乐是一辈子，愁眉苦脸也是一辈子，我快乐，所以我赚了，从一开始就赚了。

狠狠地热爱，说得真好，热爱生命，热爱工作，热爱一切和生活相关的人、事、物，狠狠地热爱。

（积雪草）

蘑菇底下的礼物

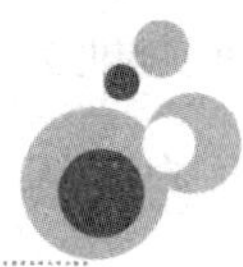

总想起安徒生曾经讲过的那件事情。不是童话，却比童话还要美丽。

那年夏天，安徒生住在犹特拉金的一个林区。他为林务区长7岁的小女儿过生日，在林子里每一棵蘑菇底下藏了一件小东西，或是一块包着银纸的糖果，或是一束蜡制的小花，或是一枚顶针、丝带、红枣……这些都是安徒生送给孩子最别致的生日礼物。第二天清晨，安徒生带着小姑娘来到林子里，告诉她："我送你的生日礼物就在这林子里面，你找吧！"小姑娘从蘑菇底下找到了神奇的礼物，唯一没有找到那颗红枣，大概被乌鸦叼走了。小姑娘惊喜万分，以为一切是神的安排，是一个身临其境的童话。

安徒生事后这样说："她一生都记着这件事。她的心绝不会像那些没有经历过这一事件的人们的心一样，轻易变得冷酷无情。"

儿子小铁的生日也是在夏天。

在他很小很小的时候，我和小铁的妈妈曾经仿照安徒生的做法，在他生日那天，买来些巧克力、泡泡糖、书、笔或小玩具等一堆零零啐碎的东西，分别藏在并不宽敞的房间里的每个角落，枕头下、被褥下、书柜间、沙发垫下，乃至他自己的小书包里……

我不拥有夏天犹特拉金那一片蓊郁葱茏的森林，也无法寻找那一簇簇肥硕鲜美的蘑菇，我拥有的只是同安徒生一样童话般的心。

小铁在房间的各个角落里找到这些生日礼物的时候，如同林务区长的7岁小女儿一样惊喜万分。虽然，这些小东西都不值什么钱，而且是孩子司空见惯的，但他却觉得比生日蛋糕、比昂贵的礼物都要兴味盎然、新奇有趣。

看来，孩子需要童话。同样，成人也需要童话。尤其是我们和孩子一起面对的生活越发实际、实惠、实用的时候，那蘑菇下小小的礼物便越发珍贵无比。

去年母亲节，我正在北京，家中只留下小铁和他妈妈两个人。那一天，小铁和妈妈约好，放学后一起去吃汉堡包。妈妈只是以为他这个小馋猫又犯馋了。

放学了，妈妈在学校门口等他，左等右等，不见他的身影。同学们一个个涌出校门，像归巢的鸟儿各自归家了，却依然不见他的身影，一直等到学校门里门外空无一人，静悄悄的，只剩下一片夕阳的余辉，静静地洒在校园里，妈妈真的生气了。一定是在学校里贪玩他痴迷的乒乓球，把约好的时间忘得干干净净。这样的事情不是没有发生过，玩得心野了就像跑断缰绳的野马，不知会跑到哪里去，任你心急如焚也奈何不得！

妈妈气急了，心想，即使他出来，也不带他去吃汉堡包了。她要走进校门，看看这孩子到底在玩什么，如果真是又玩乒乓球，就拽走他耳提面命狠狠训他一番！

就在妈妈又气又急的时候，他从教学楼里跳出来，小鹿一般一跃一跃的。等他走到校门前，妈妈看见他手中拿着一支猩红色的康乃馨。

他跑到妈妈身边，摇着那支正含苞欲放的康乃馨，笑着说："妈妈，这是我送给您的礼物！您等急了吧？我一直等着买花，卖花的刚刚送到学校里来……"

还能说什么呢？再大的气，再大的火，在这枝康乃馨面前，也消失殆尽了。

他见妈妈愣愣地望着他和他手中的康乃馨，迟迟不讲话，忙作解释："妈妈，您忘了，今天是母亲节呀！"

妈妈接过这支康乃馨，心中漾起从未有过的感动，立刻觉得世上任何一朵鲜花，都比不上这支康乃馨漂亮！

做父母的，往往给予孩子的会很多、很多，而要求孩子给予自己的，却很少、很少。一支康乃馨，就可以了。他们会很知足，很感动。孩子，你懂吗？虽然，这一点很少、很少，却是你给予的。而以往都是我们给予你的呀！当独生子女在娇惯中一点一点长大，什么事都以个人为轴心的时候，这一点尽管很少、很少，却因难得而显得可贵。尽管和父母给予的并不成比例，但毕竟是发自你心的

深处。

那一晚，小铁和妈妈去了麦当劳，小铁第一次像个大人一样，让妈妈到二楼坐好，那是专门为孩子过生日的地方。他没有觉得好笑，妈妈也没有，捧着那支康乃馨，妈妈像捧着整个明媚的春天。他替妈妈买好汉堡包和饮料，端到楼上，端到妈妈的面前，说："爸爸今天没在家，我来给您过母亲节！"

妻子把那支康乃馨装进花瓶，每天给它浇水，希望它能够开到我从北京回来，让我也能看到它。毕竟不是父母送给孩子的礼物，毕竟是孩子送给父母的礼物。那是安徒生藏在蘑菇底下的礼物，它让孩子找到了它，也让我们找到了它。

（毕恩波）

“为学”与做人

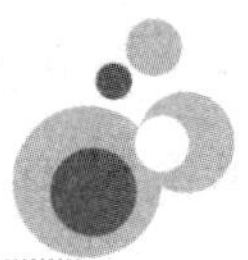

“为学”和“做人”，二者之间是什么关系？从现实生活的实际情况来看，一些人随着知识的增加和学习的努力，思想品质和道德境界，也不断地进步和提高；而另一些人虽然读了许多书，不但没有带来道德的升华，甚至还出现道德的退步和堕落，为什么会是这样呢？

因此，探究以下读书、学习和做人处事的关系，对我们来说，是很有意义的。

“为学”的主要目的是“做人”

在中国古代，读书、学习称作“为学”。古人认为，读书和学习的主要目的，不是别的，就是为了学“做人”，学做一个有道德的人、一个有益于国家和社会的人。学习就是要“学为君子”、学为贤人，它的最高要求是要作一个在道德上至高无上的“圣人”。正如古代著名的思想家荀子所说：“故学至乎礼而止矣，夫是之为道德之极。”这也就是说，如果学习能完全达到“礼”（社会的道德规范）

的规定，也就是达到了道德的最高要求。尽管人们知道，“圣人”是一般人所很难达到的，但是，每一个人仍然要抱着“虽不能至、心向往之”的态度，坚持不懈、拳拳服膺地去努力锻炼。

孔子曾经叙述他自己的学习同做人相统一的过程。他说：“吾十有五而志于学，三十而立，四十而不惑，五十而知天命，六十而耳顺，七十而从心所欲不逾矩。”这也就是说，他从十五岁开始立志学习，就把“为学”和做人紧紧联系在一起，他学习的目的就是要能够达到一种境界，在这种境界中，不论做任何事情，都不会逾越道德的规矩，都能完全合乎道德的要求。

在今天，我们要学习的知识很多，特别是有许许多多文化和科技方面的知识，还能不能说学习的主要目的是为了做人呢？我想，从根本上来说，“学习就是为了做人”这句话，在今天看来，还是有合理的因素，是值得我们认真领会的。我国著名的教育家陶行知不是也说过“千教万教，教人求真；千学万学，学做真人”吗？

在当今的时代，科学技术正飞速地向前发展，我们的学习内容，比起古人来，确实是不同了，但是，不论是哪一门学科，都有一个在学好文化和科学技术的同时，学习如何做人的问题。这也正是我们的教育方针之所以要把“德育”放在首位的根本原因。我们今天也可以说，我们学习的主要目的，就是要学做一个“有理想、有道德、有文化、有纪律”的社会主义的四有新人。

“两足书橱”与身体力行

为什么一些人的“为学”并没有使他“做人”做得更好、给他带来道德水平的提高呢？最重要的原因就是所学的知识没有同自己“做人”的实际相联系，懂得了的道德要求，没有身体力行，认识到了的道德准则，不能照着去做。正如古人所说的：“能读而不能行，所谓两足书橱”，当然也就不能对自己发生任何作用了。对于道德来说，如果不能实行，任何这样的知识，都是无用的。也正是在这一意义上，明代著名的思想家王阳明特别强调“知行合一”的重要，他说“说某人知孝知弟，必是其人已行孝行弟”。在王阳明看来，从道德和做人处事上看，那些不能照着所学到的知识做的人，根本就不能称他们是有知识的人，也就是说“知而不能行，就是不知”，他们不配称为有知识的人。一个人，可以掌握和背诵许多有关道德的知识，如果不能身体力行，我们只能说，他仍然是一个无知的人。著名的思想家颜元也说：“读得书来，口会说，笔会做，都不济事，须是身上行出，方算学问。”由此可见，在读书学习的问题上，最重要的是要能把所学到的知识付诸实施，反之于身，不断地提高自己的品德、陶冶自己的性情。宋代的思想家刘安世说：“为学唯在力行。古人云：‘说得一丈，不如行得一尺；说得一尺，不如行得一寸。’故以行为贵。”

更有甚者，还有以所获得的知识去从事损人利己的事，他们利用学到的技术作为本钱，从书本中学习到的各种投机取巧的方法和手段，用以达到他们损人利己的目的。在这种情况下，他把技术和本领当作谋取个人私利的手段，因此，他学到的知识愈多，他的道德则愈低下，他的本领越大，他的品质就可能愈坏。正如王阳明所说的，一些人不知道修养自己的品德，只知道在技术上求知识而放纵个人私欲的发展，其结果必然是“知识愈广而人欲愈滋，才力愈多而天理愈蔽”。因此，他认为，在道德修养上，要能够做到“吾辈用功，只求日减，不求日增，减得一分人欲，便是复得一分天理”。他所说的“天理”，是一个包含着多种意义的概念，如果能剥掉它的唯心主义的成分，主要内容也可以说就是他所说的崇高的道德品质和道德信念。

既然学习的目的是要成为一个有道德的人，古人认为，“为学”最重要的就是要加强自身的道德修养，不断变化自己的“气质”，陶冶自己的“性情”，消除自身的种种错误思想和行为，使自己能成为一个有道德的人。

关于德和才的相互关系

当然，我们还必须要认识到，我们今天所说的学习，除了要提高我们自己的思想品德以外，还一定要学好能为社会作贡献的技术和本领。如果没有能为社会、为国家、为人民做贡献的技能，就是有高尚的道德品质，又有什么用呢？特别是在全世界科学技术迅速发展的新时代，如果没有生产力的发展，没有经济的进步，不但个人不能生存和发展，甚至我们的社会主义国家，也会在这种激烈的竞争中失败。因此，在今天的形势下，任何轻视才能和本领的思想，都是极端有害的。同时，古人也并没有否认技术和才能的重要，而是说，我们要正确地对待它们之间的关系。

宋代的著名历史学家司马光对德和才的关系，有过深刻的分析。他认为，德是才的统帅，才是德的凭借。一个人的才力，必须受品德的统领；只有好的品德，才能更好地引导人，使他的才能沿着正确的道路向前发展。否则，一个道德低下的人，他的才能，只会把他引导到错误的道路上去。同样，一个道德高尚的人，只有以自己的才能为凭借，才能在人与人的关系中做出自己的贡献。他说："才者，德之资也；德者，才之帅也。"他认为："君子挟才以为善，小人挟才以为恶。挟才以为善者，善无不至矣；挟才以为恶者，恶亦无不至矣。"这就是说，一个有道德的人，他的才能越大、技术越高，他必然会用他的才能和技术来更好地为人民、为国家做出更多的贡献，而人和人之间的道德关系，也就能更加和谐融洽了；相反，一个没有道德的人，他必然会以自己所掌握的技术和才能来谋取一己的私利，损害他人的利益，而人和人之间的道德关系，也就必然更加恶化了。今天看来，司马光强调"德"对"才"的统帅作用，认为在才与德的关系上，德占有更重要的地位的思想，还是有重要意义的。

把知和行统一起来

在社会主义社会的新时期，我们同样要求把学习和做人统一起来，把理论和实践统一起来，把道德原则和道德行为统一起来。

道德作为一种人和人之间的行为规范，它的最根本的特点，就是它的实践性。列宁曾经极其深刻地指出，旧社会遗留给我们的最大祸害，就是书本与实际的脱离。在道德与知识的关系上，我们也应当看到，最大的祸害就是“说的是一套，做的是一套”“言行不一”“口是心非”等等。

因此，在社会主义道德建设上，在四有新人的培养上，我们应当特别强调“为学”和做人、“为学”和提高自身道德品质的重要关系，要强调在现实生活中，我们应当大力克服理论和实际脱离的学风，把学到的四有新人的要求，认真切实地贯彻到我们的实际生活和工作中，贯彻到我们的处事和待人之中，把二者很好地统一起来。

（罗国杰）

论慎独

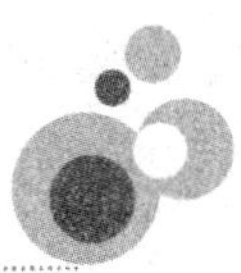

在中国传统的伦理思想中，“慎独”有着十分重要的意义和地位。在“论吾日三省吾身”一文中，我们曾谈到“慎独”是修养的最高境界。在中国传统道德中，“慎独”包含着非常丰富的含义。

最早提出“慎独”思想的是《礼记》的《大学》和《中庸》，它们分别从几个不同的方面提出了“慎独”的重要及其意义。

《礼记·大学》中最先提出“君子必慎其独”的思想，认为“小人闲居为不善，无所不至，见君子而后厌然，掩其不善而著其善。人之视己，如见其肺肝然，则何益矣。此为诚于中、形于外，故君子必慎其独也”。这里所说的意思是，一个没有道德的“小人”，在独处之时，认为没有人能看见自己的所作所为，就会肆无忌惮地做出各种各样的坏事，乃至见了有道德的人，他也知道惶恐不安，因此，就假装出一种为善的样子，妄图瞒过别人，殊不知要想人不知，除非己莫为，这种伪装只能是白费心机，因为自己的一切言行，别人都会看得清清楚楚，就好像看到了自己的肺肝一样。所以，一个有道德的“君子”特别强调“慎独”。

中国古代传统道德所说的"慎独"，作为道德修养的最高境界，主要包含着四个不同的要求，也可以说是包含着四个相互联系、不断递进的四个层次。古人认为，只有全面认识和理解了这四个由低到高的要求，才算真正达到"慎独"的最高境界。

（一）

"慎独"，首先就是指，当一个人处在人所不知而己所独处之地，能够慎重对待自己的思想和行动，不做不道德的事。

一般来说，在社会生活和人与人的交往中，在人们都能够看到的地方，许多人还都能够遵守社会的道德规范，但在无人看见也就是无人监督的时候，人们的活动和行为却就有很大不同了。对于一个没有道德的人来说，当他一个人独处而无人能够看到他的言行时，他就会按照自己的私欲，无所顾忌，违反社会的道德规范，做出很多不道德的事来。正因为这样，在这种情况下强调"慎独"，对一般人来说，是非常必要的。我们常说，道德是一种"自律"，一方面它要靠社会舆论来约束人们的行为，更重要的是要依靠自己所形成的"道德信念"来自我约束。古人所说的"慎独"的一层意思，就是我们现在所说的道德上的自我约束。

"人所不知而己所独处之地"，是衡量一个人道德水平和道德觉悟高低的重要场所。现实生活中，我们可以观察到一些值得深思的情况。有的人，在"人所共知"之地，为了得到称赞、表扬或塑造

“自我形象”，可以做出“先人后己”“关心他人”以至做出某些个人牺牲的有道德的行为；一旦在“人所不知”的情况下，就会做出自私自利和损人利己的事情。因此，一个有道德的人，应该在这种时候与在人所共知之地一样，做自己该做的事，自觉地提高自己的觉悟，力求能做到“慎独”。

（二）

“慎独”的第二层意思，是它不仅指二个人“独处”之时，而且还指一个人虽然在大庭广众之下，而内心所出现的自己“独知”的动机和意图。宋代的著名思想家朱熹在他为《大学》写的集注中，明确指出：“独者，人所不知而己所独知之地也。”这个“己所独知之地”，就是自己内心深处的“良心”。

一个人在大庭广众之间，在自己的内心深处，同样应当注意慎独，这就是说，一个人在想做某一件事时，内心中必然要有一些想法，或者称为意欲，或者称为意念（也就是我们今天所说的追求或动机），由于它只是人的一种内心的活动，所以在它还没有转化为人们的行动以前，是不为外人所见的，而自己却是知道得很清楚的。这种情况，同样应当强调“慎独”，要努力克服和清除这些人所不知而自己独知的邪思恶念。古人认为，要想成为一个有道德的人，就必须要在自己的内心的动机上下功夫，要在那些错误的思想方萌之际和未萌之前，就要及时地加以克服，不要等到它形成之后才去克制，那就为时太晚了。为此明代著名思想家刘宗周认为，在这种情况下，更要发挥“良知”的作用，对内心的各种不正确的思想，一定要“戒慎恐惧”，注意“慎独”。

这里，“慎独”的更深一层的意义就是要“毋自欺”，就是要“诚”。这就是说，“慎独”并不仅仅是在众人不知而自己独知之地，能够不做不道德的事；而且要形成一种高尚的品德和崇高的境界。这就是所谓的“诚于中，形于外”，只要在内心中做到了“诚”，在行动上，就会做道德的事。在这种境界中，一个人总是能够表里如一、言行一致，心里想的，就是口中说的，口中说的，就是实际做的。因此，不论是在大庭广众之下，还是在自己独处之时，都能按照道德的要求去做。这种“毋自欺”的境界，是“慎独”的更高一层的境界。

《中庸》中说：“是故君子戒慎乎其所不睹，恐惧乎其所不闻，莫见乎隐，莫显乎微，故君子慎其独也”。这里的意思也是说，一个有道德的君子，常常有着一种敬畏的心情，在眼睛还没有看到、耳朵还没有听到的地方，要能够常常自觉地进行修养。对于自己内心中一切细小的事情，一切幽暗不明的地方，自己都会知道得很清楚，而且最终也瞒不过别人，所以君子要特别注意“慎独”。

（三）

第三，古人所说的“慎独”，还有着积极方面的意义，就是说，在人所不知而自己独知之时，不但不做坏事，而且要努力做有道德的事。

刘宗周更进一步从积极方面发挥了“慎独”的思想，他说：“君子曰：闲居之地可慎也。吾亦与之勿自斯而矣。”这就是说，在无人监督、无人知道的“独处”的情况下，一个有道德的人，不但不去做不道德的事，而且能够自觉地按照“君子”和“圣人”的标准来要求自己，不断地锻炼和修养自己的品德，这才是“慎独”的更重要的意义。

刘宗周以前的思想家对“慎独”的解释，都强调“慎独”是在个人独处独知之时，也就是在没有人看到、没有人知道的情况下，一个人应该不做不道德的事。刘宗周则更进一步，他认为，在人所不知而己所独知的情况下，不但不应当做不道德的事，而且要主动、积极地做有道德的事。

我们知道，在一般情况下，人们都是愿意在大庭广众之下，来做有道德的事，即使在无人知道的情况下做了好事，也要想方设法使别人知道，以便得到他人的称赞。正是这样，在无人知道的情况下，也就很少有人愿意做好事了。因此，人们对“慎独”的理解，往往多从消极方面来认识和要求。其实，“慎独”更为重要的是，应当在无人知道而只有自己“独知”的情况下，发自内心地去做好事。我国古代的一句著名的格言就是“善欲人见，不是真善；恶怕人知，便是大恶”，就是说，一个人做了他人称赞和报偿的任何善事，如果总是想要人家看见，就不是真正的为善；做了坏事而怕人知道，必定是大坏事。这也就是说，一个有道德的人做任何善事，都不是为了个人的名利，更不是为了追求社会和他人的报偿。

（四）

古人认为，一个人要想做到“慎独”，最根本的就是要能够做到“意诚”。《大学》中又说：“所谓诚其意者，毋自欺也。如恶恶臭，如好好色，此之谓自谦。故君子必慎其独也”。这就是说，所谓“意诚”，是对于一切善恶的判断，都已达到了一种最高的认识，就好像一个人见了臭味就自然讨厌、见了美好的颜色就喜欢一样，是从自己的内心中自然发出来的，一点也没有勉强的地方。同样，对于“恶”的厌恶，就像闻到了臭味一样；对于“善，”的追求，就像喜欢香味一样。对恶的事坚决拒绝，对善的事，决心做到。这就是说，一个人，只有在高尚的道德中，才能得到自己的“满足”（“之谓自谦”“谦”者，足也）。这种境界，也就是宋明道学家所说的“纯乎天理而无一毫人欲之私”的境界，孔子说：“吾十有五而志于学，三十而立，四十而不惑，五十而知天命，六十而耳顺，七十而从心所欲不逾矩”，这就是说，孔子到了七十岁的时候，经过长期的修养和锻炼，终于达到了这种最高的境界。

古人认为，要做到“慎独”，最重要的就是要发挥个体的道德能动性。刘宗周在谈到“慎独”时，尤其强调人的“心”和“意”的作用。他说："慎之功夫，只在主宰上"，一个人要想在道德上有所进步，就必须在主观努力上狠下功夫。能不能把握住在独处的关键时机，发挥自己的"主宰"作用，是对一个人能不能成为有道德的人的重要考验。"慎独"就是要自觉地去克服一切"七情之动"和"累心之物"，使自己能够达到"成圣""成贤"这样一种最高的道德要求。

最后，我们还应当特别指出，古人总是把"慎独"同修养紧密联系起来，把"慎独"看作是一种修养的过程。"慎独"中能使人对自己的错误的欲念和动机，加以反省和认识，能使自己觉察到自己思想深层的细微杂念，这就是古人所说的"知几"。"几"者，微小、纤细的意思。"知微"就能有利于"防渐"，人们如果能经常地反省、检查自己的极其微妙、细纤的思想，就能使其及早地得到克服。一般来说，如果不遇到什么事情，一个人也不容易察觉自己思想中的细微变化。一旦有了利害得失的事情发生，各种嗜欲和邪思邪虑，就会跟着产生，所以，古人提出要在"知几"中提高自觉性，使自己的细微的不正确的思想，及时加以克服。因此，"慎独"既是修养的境界，又是一个很重要的修养过程。

（罗国杰）

错 位

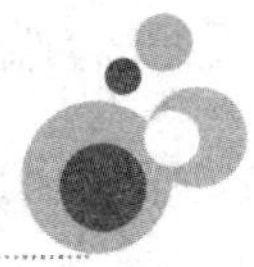

去年《读书时间》纪念改革开放二十年活动，别出心裁地让每位作家嘉宾说个自己喜爱的词，我想来想去，好像只有“错位”。

回想起来，好像只有这个词与我的个体生命有着一种天然的维系。很小的时候，我便记住了“学好数理化，走遍天下都不怕”这句话，骨子里稍稍有点重理轻文。那时，我每周都去北京天文馆看天象表演，想将来做一个天文学家，或者物理学家，甚至画家。想也没想过要当作家。然而就在我小学即将毕业的那年，“文革”开始了，学业中辍，上山下乡，一下子就耽误了十年，虽然在高考制度改革后考上了大学，但“学好数理化”怕是不可能了。后来却一不留神当了作家——是为人生错位之一。

从小心里就有一位理想人物，说他是偶像也罢，阿尼母斯情结也罢，总之是十月革命党人式的叛逆者，总汇牛虻、英沙罗夫、拉赫美托夫式的形象，骨感男人，很酷，勇敢、坚强，浪迹天涯、富于献身精神，而若干年后的丈夫，却是喜欢窝在家里哪儿也不去，特别注意保健特别惜命，长得圆圆乎乎、嘟噜一串的政府小官吏——是为人生错位之二。

本来抱定独身主义或者退后一步可以结婚但必须做“DINK”夫妻的，而新婚之后没容喘气儿就怀了孕，接下来就是9个月的苦刑，包括3个月把苦胆汁都呕出来和5个月时患胆结石没法吃止疼药，还有身怀六甲时看了40部法国电影。本来B超照看一直说是顺产临了不知怎么的又变成了枕后位。生下来之后就更别喘气儿了，一口气憋住了熬到现在上了初中二年级，展望未来任重道远遥遥无期，一句话，有了孩子就算是判了无期徒刑，你已经永远不再是你自己——是为人生错位之三。

既然是作家，总希望能够名正言顺，名实相符，可偏偏北京市前几年就取消了专业作家，只好充数于教师队伍在前，混迹于影视行业在后，永远以一个局外人的身份享受一份工作环境中的尴尬，以至现在都一把年纪，对正高职称仍然不敢问津，还常常做出受气小媳妇的样子，警惕着十面埋伏、四面楚歌……为的是保住那一点点可怜的业余爱好：小说创作——是为人生错位之四。

人生错位，比比皆是，梦想与现实，理智与情感，朝露与夕阳，黑夜与白昼，本来就是两回事，但是错位的人生可以一样美丽：做个对得起读者的作家；当个惜命爱家男人的老婆；做个淘气孩子的母亲；当个有距离之美的局外人，又有何不好？有何不美？有何不完满？

人生本无完美，刻意制造完美必然失败，而自然产生的一切才真正美丽——包括错位。

（徐小斌）

点亮一盏灯

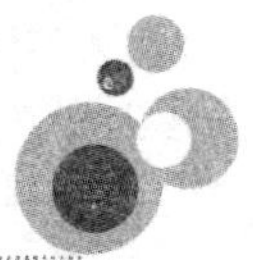

有这样一则故事：有一个盲，人在夜晚走路时，手里总是提着一个明亮的灯笼。人们很好奇，就问他："你自己看不见，为什么还要提着灯笼走路呢?"盲人说："我提着灯笼，既为别人照亮了路，同时别人也容易看到我，不会撞到我。这样既帮助了别人，又保护了自己。"

北宋哲学家程颐认为："遇到事情肯替别人着想，这是第一等的学问。"遇到事情肯替别人着想，这是一种胸怀，一种博爱，一种境界。

倘若我们每个人都能够在心中点亮一盏灯，既照亮自己，又照亮别人，那么这个世界就一定会充满光明和温暖，世界会变得更加美好和可爱。

（王庆元）

我的九月九日

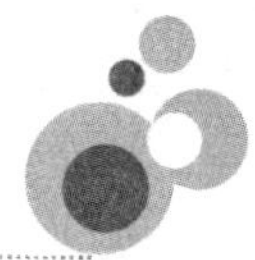

又到九月九日了。这将是我一生都不能忘怀的日子。

那年高考落榜，对我的打击格外沉重。那时候，收入微薄的母亲刚刚下岗，与我母女相依为命的姥爷也卧病在床。我落榜了，我不知道该怎样向母亲和姥爷说。自父亲和母亲离婚后，我就是这个家中母亲和姥爷全部的寄托，唯一的希望，而今我却落榜了。我把这个消息“封锁”了好久好久，我向母亲和姥爷撒谎说高考志愿表上我改过学校，这样录取会晚一点。

我一直心情沮丧了很多天。我尽量少在家里待着，避开母亲和姥爷的目光。我找到一些借口躲出家门，没有目的游荡在城市的角落，像一条找不到家的鱼儿一样瞎撞，游荡。有一天，我懵懵懂懂地来到了一所中学的门前。我抬头一看，是一中。一中也是一所重点中学，与我的中学是同一流的学校。踏进校园，一股股沁人心脾的悠悠花香就扑面而来，令人一阵清爽。放眼看去，万紫千红的花开得煞是鲜艳茁壮，一片片的小草青青绿绿。校园小路的两边，还栽上了好看的小白杨。

我踱到了操场，看乒乓球台子旁边坐了一个男孩。那个男孩也看到了我，友好地冲我笑笑，走了过来。

“同学，打乒乓球吗？我这里有拍。”男孩对我礼貌地说。好久没找人说话了，也好久没找人打球了。我点了点头，走了过去。我接过一张乒乓球拍，我们打了起来。在打球中，我了解到，他也是今年的高考落榜生，就是一中的学生。更巧的是他的家居然跟我是对楼。很快，我们没有了陌生人的距离。我们很亲切地聊了起来，那情景，好像是相识了很久很久的知己朋友。

男孩知道了我的情况，我把我的忧虑和难受的心情也说给他听，他像兄长一样温和平静地安慰我，鼓励我。男孩说“从哪里跌倒，就要从哪里爬起”。男孩还说，他准备参加补习，上“高四”，来年再考大学。听了这些，我心底深处猛地一震。

人生之中充满着太多的偶然转折，在这一次的偶然邂逅中，我一下子似乎清醒了许多，长大了许多。当天晚上，我就向母亲和姥爷说了我的落榜情况，并说出我要复习的决心和打算，我会克服生活的经济困难，来年一定考上更好的大学。母亲和姥爷听了，都开心满意地笑了。他们为我的诚实而开心，为我的勇敢而满意。他们都是容易满足的人。

从那天后，我的心情日益好起来。

离开学还有一个多月，我和男孩就相约天天去一中操场晨跑，读外语，打乒乓球。我们还一起诵读优美的古典诗词。男孩是位坚守诺言的人，他天天都风雨无阻地去一中，和我相约在一中。

转眼间，一个月过去了，我们的心情像应届的高三学生，自信、坚强，斗志昂扬。

九月了，我们相互叮嘱在九月九日去学校报到，他去一中，我回三中。在楼下分手的时候，男孩向我承诺，你对面的那幢楼就是我的家，我每天晚上学习到几点，你就学习到几点，明年的这个时候大学相见。我点了点头。

果然，到了九月九日的晚上，我就看到了对面楼上那盏明亮的灯光。我看着那盏灯光学习。第一天，那盏灯亮到晚上十二点；第二天，那盏灯仍然亮到晚上十二点；第三天……直到后来我走进高考考场，那盏灯都还坚持亮到晚上十二点。信守着承诺，我天天看着那盏灯光学习到晚上十二点。有很多次，我都忍不住打盹，走神，而当我抬头看到那盏灯，我又重新振作，打起精神学习。

也有过很多次，我很想跑到对面那幢楼，去敲开他的门，想约他出来歇歇，说说话，但一想到他是那么认真，那么刻苦，又不忍心打扰。于是我放弃了去敲开那扇门的想法，看着那盏灯，坚持学习到晚上十二点，从不偷懒。我想，只要我接到大学的录取通知书，我将首先去敲开那扇门，约会那盏灯光下的他。于是，只要那盏灯亮着，我就学着；只要他不间断，我也不间断。

终于，流火的七月过去了，九月来了，我迎来了辛苦汗水的回报。我考上了北京的一所重点大学。

接到录取通知书那天刚好是九月九日。我一接过录取通知书，就向着对面那幢楼“熟悉”的地方跑去。

我敲开门，开门的是一位中年男子。我叫了一声“叔叔”，走了进去。在夜里亮着灯的那间屋的墙上，我看到的却是他微笑的遗像。

“这孩子，命苦，打小就患上了绝症，一直顽强生活到去年。去年九月九日的晚上走的，今天刚好一周年了。走的时候他对我说：‘爸，屋里的灯每天晚上亮到十二点，亮到明年七月，有人需要它’……”

捧着名牌大学的录取通知书，无声的泪水涌了出来，我跪了下去……

（熊青）

天天预习你的梦想

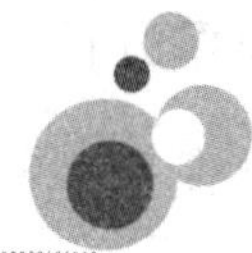

1987年，30岁的她与丈夫第一次上山看到猴子，也是第一次看到导游。“我见那个导游的工作就是带带游客，游客很开心，很快乐。我还见她一路上都是笑眯眯的，我站在她旁边深受感染，一路上都是笑呵呵的。”当时她就想：“如果我有机会，当一名这样子的导游该有多么开心。”

当导游的梦想便在她的心底生根发芽，并茁壮地成长着。

转眼五年过去了，她35岁了，这时，她听到一个消息，龙虎山自然保护区开始对外招聘导游员。圆梦的机会来了，她辞了工作，赶去报名。那一次，虽然她根本没有当导游的经历和知识，但是她对导游职业的执着和热情打动了园区领导，同意录用她，但她只能是临时工，而且第一年的工作是做检票员，她欣然同意，只要能留下来，就有机会。接下来她还当了几年景区的餐厅经理，最后干的竟是保洁员，顺便照看园区的猴子。不是导游的她，一看见哪个游客过来，就会放下扫把，先把猴子的故事、逗猴子的注意事项一一地讲解。游客走了，她继续扫地。

导游梦离她似乎越来越远：她不甘心，有些难熬，脑海中常常浮现出曾经的梦想。有一次她鼓起勇气写了一个报告，说按她的能力可以当个导游员了。然而报告如石沉大海。

“我一定要做一个顶级的导游员。”当保洁员的她总是这样想。“回到家里，我就抓住我的爱人，今天我在山上扫地碰到游客我这样子讲，行不行？如果不行，哪个方面不对，你说我再慢慢改。我把爱人当成我的游客。”“平时我扫完地，都会回山里讲解，我是免费带团的。”当然，她这些行为常惹来很多非议（正式导游会说三道四的），她说：“我从心底里喜欢那群可爱的猴子，能够把龙虎山的山山水水和可爱的猴子介绍给全国各地的游客，我也非常高兴。”于是别人的非议，她便置之不理了。她就这样如痴如醉地天天练习着自己的梦想。

2005年广西龙虎山保护区改制，由一家中外合资企业接手经营，她面临转岗，暂时无事可做。一份坚持了20年的真实又可爱的梦离她似乎更远了。“在家待着，不过我总磨炼做导游的事。”她说。最终，她忍不住去找董事长：“董事长，我是龙虎山比较老的员工，49岁了。现在龙虎山改制，我想给您的公司打工，我要求做导游员，您考虑一下。”

董事长决定先听听她的讲解，终于她第一次可以像正式导游那样，在董事长的面前展示自己十几年来练就的“导游本领”了——她滔滔不绝地讲述着龙虎山猴子的故事，偶尔穿插一些自己与猴子相处的趣闻。董事长不禁眼前一亮。2005年的11月2日，董事长给她打来电话："小潘，明天8点半准时到大门口做导游员。"放下电话，49岁的她竟然激动得跳了起来。

不错，她就是龙虎山的顶级导游员潘惠芬，黑黑瘦瘦的，人们习惯叫她"猴子妈妈"。如今，很多旅行团到龙虎山来旅游的时候，都专门预约让她专门来当导游，最多时一天带六个团，当有人看到这位导游一路上总是又是唱山歌，又是讲故事，又是手舞足蹈，便问她辛苦吗？她说："导游是我一生的梦想，再苦再累，我都感到无比幸福。"

面对"猴子妈妈"圆梦的经历，我常常想：还未圆梦的人们，不要忘了天天预习你的梦想。

（曹炜明）

最朴素的愿望

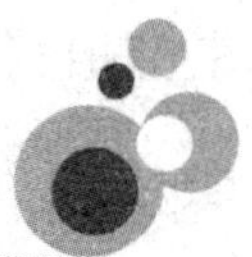

1991年，在吉林省长春市一个贫寒的家庭里，一个女孩降生了。女孩的父母都是残疾人，他们都没有稳定的工作，女孩的出生给这个家庭带来了无尽的喜悦，夫妻俩决定：不管多么辛苦，都要好好抚养自己的孩子，让她能够健康快乐地成长。

可是天有不测风云，女孩三岁的时候生了一场大病，必须要进行手术。女孩的父母很紧张，因为他们的身体一直不好，很怕自己把多病的体质遗传给女儿。所以，在手术结束后，女孩的父母就决定让孩子参加体育锻炼，以此来增强她的身体素质、

在女孩的身体痊愈之后，她的父母就开始有意识地培养她进行体育锻炼。看到孩子喜欢滑冰，女孩的父亲毫不犹豫地为她买下了一双旱冰鞋。而那双鞋子，花掉了这个家庭两个月的收入。让女孩的父母欣慰的是，孩子非常喜欢在冰上滑翔的感觉，放学后总喜欢滑个不停，她很快就超过了同龄人，成了学校里的滑冰好手。

在一次运动会上，女孩被一位速滑教练发现了，从此走上了专业滑冰的道路。这无疑给这个清贫的家庭增加了负担，但女孩的父

母表示要全力支持孩子滑冰。许多人不理解他们的做法，可是女孩的父亲却说："我只是想让孩子锻炼身体，只要孩子练好了身体，我们再怎么累都值得。"

为了赚钱供孩子滑冰，这对夫妻工作起来更加拼命了。女孩的父亲骑着自行车卖过冰棍，做过厨师，而女孩的母亲，也曾靠帮别人打毛衣赚取过微薄的酬劳、后来，他们为了继续支持孩子滑冰，又借钱开了一个彩票投注站。三口人就挤在不足60平方米的彩票投注站里生活。这样的日子虽然寒苦，却也其乐融融。

与此同时，女孩的滑冰技术也一直在提高。她认真地投入到每一次训练当中，从来就不知道叫苦叫累。队友都钦佩地说，她是个"怎么练都不累"的运动员。很快，她进入了市队，又从市队进入了省队，最后进入了国家队。凭借出色的天赋和惊人的毅力，这个中国队的"小不点儿"逐渐在国际赛场上崭露锋芒。终于，女孩在温哥华冬奥会上一举夺冠，成了中国最年轻的冬奥会冠军。

夺冠之后，女孩顿时成了中国体育界一颗备受瞩目的明星，各种荣誉接踵而至，无数观众为她叫好。可是，在接受媒体采访的时候，女孩并没有说什么华丽的语句，她只是说，拿到了金牌，就可以让爸爸妈妈生活得更好一点儿了。

让爸爸妈妈生活得更好一点儿，这就是她的愿望，也是支撑她过关斩将夺取胜利的理由。简简单单一句话，引得无数观众落泪。就连童话大王郑渊洁也称赞说她的夺冠感言真牛！

这个女孩，就是在冬运会上以一敌七、力战韩国选手的“90后”小将周洋。

原来，有些时候，支撑人们努力去创造奇迹的，并不是什么冠冕堂皇的理由，奇迹的诞生也许只是来源于一个简单而朴素的愿望。就如同最开始时，周洋的父母只是希望自己的女儿通过锻炼获得强健的体魄，而周洋，也只是希望通过自己的努力让父母过上好日子。他们都把自己最朴素的愿望埋藏在心底，然后用爱和信念为其浇水施肥，终于等到了开花结果的这一天。

（张琦）

永远都不晚

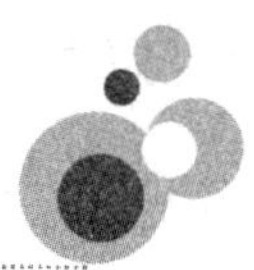

我供职了14年的电脑软件公司关门了，我一下子成了闲人："我都51岁了，谁愿意要我呢?"那天早上，我把报纸丢在一边，泄气地对妻子凯茜说。

"你可以做生意啊，过去你不是一直梦想那样吗?"

没错，我有过宏伟的蓝图，但那是很多年前的事，现实早就让我的梦想破灭了。

街道那边一个老人正专注地欣赏台上那些大学生们的表演。表演内容紧紧围绕学生们来社区服务的亲身经历，比如拜访疗养院、帮助老年人做家务等等。我想，要是生活能像艺术一样就好了，那样的话我愿意来到一家疗养院，卷起袖子热火朝天地干起来，让每个老人脸上都露出笑容。这就像了却一桩心愿一样：

突然，我想起有一个叫"许下心愿"的组织专门帮助生病的孩子实现他们的梦想。我有了一个主意：我为什么不能成立一个这样的组织专门为老年人圆梦呢？一回到家，我就迫不及待地把想法告诉了凯茜。"或许它能成为你的工作，"凯茜鼓励我，"何不试一试?"

第二天，我开始我的圆梦行动。我找的第一个人是詹森·巴克，他管理着我们社区的“老年之家”。他非常支持我的计划，并向我讲起了朱安，一个坐在轮椅上的可爱的妇人。“她没有什么钱，也很少外出。我打赌她一定有心愿没有了却。”

我们见到了朱安，那天她穿着一件非常破旧的衣服。我说明来意后，她双眼一亮：“什么心愿都可以？”她有些不敢相信。“当然，任何心愿都行。”

她的脸一下子红了，过了一会儿才开口：“说出来有些难为情，但我确实需要一些新衣服。我星期天想去教堂，平时想去玩宾果游戏。但我只有一些旧衣服，就像我身上这件一样。我非常想逛逛商店，买几件像样的。”

“这一点儿都不难。”我说，然后给我的朋友桑迪打电话，他一直乐于助人。第二天，在我们的陪伴下，朱安开始了她一生中最快乐的购物狂欢，她脸上始终带着灿烂的笑容。那天，我们给她买了五套新衣服和一双新鞋。“朋友们都认不出我了。”欣赏着镜子中的自己她激动地说。

我成立了一个慈善团体，命名为“永远都不晚”，但是开始一段时间几乎没有接到什么请求，让我无梦可圆。若这样发展下去，没多久我就得重新找份工作。我正茫然不知所措时，詹森·巴克从“老年之家”打来的电话，说他那儿有一个人很怀念以前当农民时在地里干活的日子。爱德文曾经在印第安纳东南部务农60多年，后来他和妻子卖掉田产，搬到首府波利斯跟女儿住在一起。他不是怀念那种日出而作、日落而息的劳累生活，他只是非常想再犁一回地。

“我想做的是再次开着拖拉机耕一回地。”爱德文的声音很激动。

早春的一个上午，我在农场见到了在女儿陪伴下的爱德文，农场的主人愿意帮助爱德文实现梦想。那天，爱德文一下车就闭上眼睛，用力地呼吸刚耕过的土地散发出的泥土香。睁开双眼时，他发现一台拖拉机像变魔术一样出现在他面前。他满面红光，兴冲冲地爬上拖拉机，立即启动，突突突地开到地里去了。看着爱德文兴奋的样子，那一刻我想，就算这是我们帮别人圆的最后一个梦想，我也没有遗憾了。

事实证明，帮助爱德文只是我们圆梦行动的开始。爱德文的故事被当地一家报纸刊登了。马上我们就被数不清的电话淹没了，有想要圆梦的，有捐款捐物的，还有提供志愿服务的……

那之后的七年里，想要圆梦的请求从未停止过。多年来我的圆梦行动帮助无数老人实现了他们毕生的梦想，我所做的不仅仅是一份工作而且成了我的事业。这一切都始于我对梦想的追寻，圆梦行动也让我明白一个道理：只要心中有梦，永远都不晚。

（王启国　编译）

不能等

一家本市的大企业来学校招聘，只是开出的工资不怎么理想，只给到月薪1500元，很多同学都觉得工资太低了，不肯去面试。我拉着同学小维抱着试试看的心态去参加了面试，没想到，当天晚上我们就先后接到了面试官的电话，让我们第二天早上8点准时去签约：迟到算弃权。

我很高兴，留在本市工作也不错，工资低点儿没关系，干上几年积累阅历再说，而小维却打了退堂鼓，说那么低的工资要是签约了实在没面子，更愧对这几年的大学生活，以后肯定还会有更好的企业来招聘的。我只好独自去签约，毕竟现在竞争激烈，时间不等人。

当我看了面试官递给我的合同后，发现上面写着的是试用期满转为正式员工，待遇居然是月薪3000元。我不禁有些纳闷儿，问面试官是不是搞错了？面试官笑着对我说："绝对没错，之前所以公布那样的待遇，是考验大家对我们公司有没有信心，试探性地给了一个低薪，既然你愿意来公司工作，那公司也该给你一个惊喜的待遇，只要你好好干，公司绝不会亏待你。”

庆幸之余，我想起我的一个朋友也有类似的经历。他毕业后即加入找工作的大军，虽然有较高的学历，但要找到一份自己非常满意的工作并非易事。在人才市场逛了几天后，他终于碰到一家比较有实力的公司在招聘业务员，经营的业务与他的专业也相近，而且待遇也很不错，于是他投了一份自己精心准备的简历，很快接到通知，第二天早上9点到该公司面试。

为了防止堵车耽误时间，他一早就出发了，才8点就到了该公司，接待他的人事小姐安排他在一间写着“面试室”的门外等候，并告诉他，等下就在那里面面试。他只好在外面的椅子上坐下来，等候面试时间的到来。没想到，没多久，又陆续来了好几个面试者，他打听了一下，都是面试业务员的，看来得面对一场激烈的竞争了。

时间转眼就到了9点，可面试室的门始终没有打开，后来他透过窗户发现里面的灯亮了起来，显然有人通过别的门进去了，但却没人通知他们进去面试，莫非还没准备好？一直到了9点20分，来面试的人坐不住了，开始议论纷纷。他觉得发牢骚是没有用的，不如去问问吧。于是他轻轻地敲了两下面试室的门，里面一声洪亮的声音传了出来：“请进!”

他赶紧推门进去，发现里面早已坐着两人，似乎就等着他进去面试，于是立刻问：“您好，请问可以面试了吗？”面试官微笑点头。就这样他的面试开始了，一切都在他的预料当中，他顺利地回答完

面试官的所有问题。面试官满意地向他点头。接着面试官走到外面，当众说道：“小李已经被公司录用了，因为他走在了你们的前面，我们做营销的就应该这样，如果什么时候都跟在别人后面，那公司还有市场吗？恐怕连汤都没得喝……”

就这样，他成了公司的一员，虽然面试是碰巧走在别人的前面，但他觉得面试官的话很有道理，不仅是职场上，哪怕是在生活中，我们要尽量走在别人的前面，要有敢于敲开任何一扇门的勇气，只有这样才不至于落于人后。

（李成炎）

怎样才能见到腾讯的CEO?

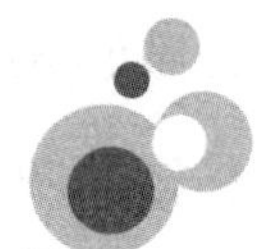

这一天，23岁的刘伟起了个大早。他前几天约好的一位彩绘老师用黑笔在刘伟额头写下英语单词FULL，在他身上，则写下NOTHING。然后将刘伟从头到脚左侧全部涂黑，右侧整体涂成白颜色。这一切都是刘伟自己设计的，代表自己身上没有钱，但大脑满是创意。在镜中细心地照了三遍之后，刘伟举着一块别出心裁的宣传板，信心满满地出发了。

您千万别误会，以为刘伟是一位演员，其实他只是一位毕业刚刚半年多的计算机专业普通大学生。他是一个很有想法的年轻人，制作了一个自认为价值上亿元的网络盈利计划。他想约见腾讯公司的CEO马化腾来投资自己的这个项目，但他知道，以传统的方式，可能等上几年也未必能够如愿。于是，他就想到了用这个前卫而另类的方式来推销自己，引起对方关注。在他自己精心设计的宣传板上，有一首独具匠心的藏头藏尾诗，合在一起就是：我极想见您，马化腾先生。

在深圳这个快节奏的城市中，人们总是行色匆匆。但这一天早

上，不断有路人的眼光追随刘伟移动的脚步。八点半，刘伟准时来到了位于深圳高新科技园飞亚达高科技大厦的腾讯总部。但他被大厦保安阻止，只好退到了50米开外。好多人开始围着刘伟问这问那，媒体的记者也闻讯赶来对他进行采访。

随着气温的升高，口干舌燥的刘伟身上的油彩开始融化，很不好受，但刘伟还是笔直地站着，高高地举着牌子。终于有腾讯公司的工作人员被刘伟的执着精神所打动，一级级将这件事报告给了腾讯CEO马化腾先生。马化腾想起了自己1993年深圳大学电子系计算机专业毕业后的创业经历。1999年下半年，他拿着改了六个版本、二十多页的商业计划书开始寻找国外风险投资，最后多亏碰到了美国国际数据集团IDG和香港电讯盈科公司，这两家公司一起冒着风险，投给了自己220万美元。有了这笔资金，腾讯买了20万兆的IBM服务器。“当时放在桌上，心里别提有多美了。”回忆起这个时刻，马化腾再一次喜不自禁，笑容浮现在脸上。

因为曾经亲身的经历，马化腾深知个人创业的不易。他叫来了自己的助理，让他把刘伟叫上来。和马化腾详细地交换了意见，刘伟满意地离开了腾讯总部，快步如飞。

当被问及是不是很兴奋时，刘伟沉稳地笑了笑：“联系上马化腾先生只是我的第一步，下一步我要完善自己的计划书，并注册自己的网络公司，争取跟马化腾先生合作，踏上一个草根的创业之路。”

有梦想谁都了不起。美国《福布斯》杂志曾撰文预测：十年后，下一个世界首富将从中国诞生。以常规的方式，小人物也许不可能预约到马化腾这样的成功人士，那会让你的商业计划“汤冷菜凉”。头脑里的梦想，加上有创意的行动力，每个人都会离梦想越来越近，说不定下一个比尔·盖茨就是你了。

但前提是要问一下，如果是你，你有什么办法能见到素不相识的名人呢？

（醉露梧桐）

背着十字架挣钱的人

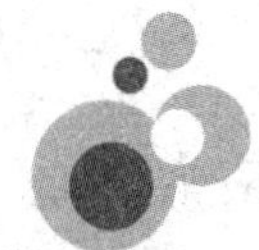

在这个世界上，我钦仰两个背着十字架挣钱的人。

一个是意大利的一位小银行家。他经过数年的艰苦创业，终于办起了一家小型的私人银行。然而，一次银行抢劫致使他彻底破产。所有信赖他的储户都跟着他大倒其霉——他们的存款倏忽间不知去向。他在嗟怨之余，决定从头做起。他郑重地告诉妻子和4个孩子："从今以后，我们将过一种不平凡的生活。"他发誓在有生之年还清所有储户的存款。朋友们都来劝他，让他睁大眼睛好好看看那笔足以压趴他的数额巨大的款子。他们说："你为什么一定要那样做呢？按照法律有关规定，你根本用不着偿还这笔钱呀。"他则回答说："是的，法律可以让我逃避责任，但是道义却不允许我这样做。"他开始履行自己的诺言。他拼命挣钱，每还清一笔款子都会让他感到满心的轻松和快慰。就这样，他背着灵魂的十字架不知疲倦地劳作，箪食瓢饮，日复一日。他以道义和良知的力量感召着身边冷漠的世人，人格魅力成了他手中一张最炫目的王牌……比预想的时间要提前一些，他用了39年的时间还清了那笔可怕的"债务"。当他寄出最后一笔钱的时候，他长长吁出一口气，说："我现在终于无债一身轻了。"

另一个背着十字架挣钱的人是法国一位百货公司的老板。当他还是个热血青年的时候，他参加了一次大型的艺术品拍卖会。拍卖会上，一个美国人和一个法国人同时看中了法国画家米勒的作品《晚祷》。美国人财大气粗，一开口就喊出了高价——50万！法国人齐声高唱国歌，硬着头皮和美国人竞价。结果，囊中羞涩的法国人在自己喊出的天价面前大露窘态，美国佬狂傲地甩出一捆钱，带着《晚祷》昂首离去……这件事深深刺痛了那个热血青年的心，他发誓今生一定要挣足能够购回《晚祷》的钱，让米勒含笑九泉，为祖国争回尊严。一首国歌驱策着他，一个农妇（《晚祷》中的人物）召唤着他，他拼命挣钱，终于在步入中年之后用重金从美国人手中购回了《晚祷》，并把它捐赠给了卢浮宫。

——吟诵着自撰的圣经，背负着心灵的十字架，坐在财富之上却怀抱与财富无关的人生志气，用多年的辛苦劳作为人类购置一座美轮美奂的精神殿堂，这样的人，多么富有。

（张丽均）

信心与耐心：一个外国企业家的教子良方

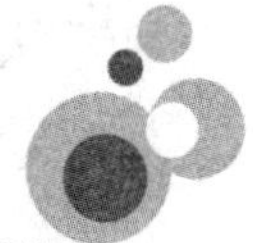

拿破仑·希尔曾说过这样一段话："批评往往使人失去动机，毁掉人的意志力。批评除了给孩童的心中留下自卑情结外，并不能带来更好的结果。"希尔回忆自己儿时有位玩伴，他母亲每天都把他批评得一无是处，常常用棍子修理他，还总说："你不到20岁就会进重刑犯监狱。"结果希尔的儿时朋友17岁就进了感化院。

什么是教育？也许许多人认为这是一个太简单的问题，实际上它却有着深刻的内涵。教育这个词的拉丁字源是：教会孩子用自己的心灵去开拓延展、推理演绎。

美国IBM计算机公司的缔造者托马斯·沃森在事业上是成功者，在家庭教育上同样是一个成功者。由于沃森全力以赴投入到IBM公司的发展，所以最初很少顾及长子汤姆的教育问题，而妻子珍妮特由于一连生了四个孩子，也同样无暇顾及，以致童年的汤姆被称为"可怕的汤姆"。在学校里，因为汤姆的学习差，又调皮捣蛋，所以没有人认为他将来能有出息。一次，汤姆把臭尿液放进学校的通风管道里，结果搞得全校臭气熏天。还有一次，汤姆偷了油漆四处涂抹，无可奈何的珍妮特竟把他带到警察局，让警长来帮助教育不争气的儿子……

老沃森感到了问题的严重性，沃森开始时常把汤姆带在身边，以自己的行为来时刻教导他。有一次在火车上，老沃森把盥洗盒涮得十分干净。小汤姆却不以为然地说：“盥洗盒是公用的，我们何须这样认真呢?”老沃森说：“后面的人会通过你用后的样子来评判你的人格和修养。”在公众场合，老沃森总是对汤姆的优点大加夸赞，汤姆做的哪怕是很小的好事，老沃森也不放过当众表扬的机会。这些看似微不足道的小事，却慢慢浸润着小汤姆的心灵。

小汤姆在学校里的成绩总是倒数第一，中学六年，换了三所学校，当汤姆考试得了低分时，沃森总会安慰汤姆：“我希望你能表现得更好，我相信你能做到。只要把握住几个关键的问题，你就能成为一代伟人。在学校你可能是成绩最差的一个，将来走向社会说不定会成为最出类拔萃的一个!”汤姆中学毕业后，老沃森好不容易才把他送进了布朗大学读书。汤姆虽然依然过着花花公子的生活，父子也不能经常见面，但老沃森在百忙之中，仍不忘经常给儿子寄上充满关爱的信。后来信就成了父子俩情感的纽带，不管是有了想法还是发生了争吵，彼此总是用书信来沟通和冰释前嫌。

大一时，汤姆学会了驾驶飞机，并从中得到了极大的自信，但学业却进一步荒废。沃森并没有责怪他。后来汤姆问父亲：“当初我的成绩那么糟糕，为什么还让我待在学校里呢?”老沃森说：“你当时年龄尚小，我宁肯让你在一个正规的地方爱熏陶，也比让你在校外放任自流好呀！”他还常常以自身的经历教导汤姆说：“我更相信对一名产业家来说，性格因素比智力或知识因素更重要。”这些话对重塑汤姆的自信心功不可没！

老沃森对儿子的教育终于得到了回报。汤姆大学毕业后主动进了IBM公司办的培训推销员的学校，毕业后成了IBM公司的推销员，不到两年就成为尖子推销员。“二战”爆发后，老沃森把儿子送上了战场，成了一名出色的飞行员。战争结束后，当汤姆把决定进IBM公司工作的消息告诉父亲时，老沃森流下了幸福的泪水，他知道：他对儿子的教育和激励终于到了收获的时候。后来在汤姆的领导下，IBM公司获得了长足发展，1979年美欧和日本计算机总销售额为471亿美元，而IBM公司就占了229亿美元。进入20世纪90年代，其销售额已逾千亿美元。老沃森打下了IBM公司的事业基础，而汤姆·沃森则为IBM公司打开了通往世界电脑生产王国的大门……

家长朋友，你在教育自己的孩子时，也会始终像老沃森那样，一直那么有信心和耐心吗？那些还在坚信棍棒之下出才子、出孝子的家长朋友，你从老沃森的做法中是否感悟到了什么？

（王飙）

完美的杯子

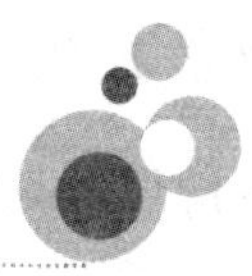

一个精品店里，老板进了一批很高档的杯子，不仅杯子的样式新颖，而且颜色也很匀称，无论谁见了都会有购买的欲望，这就是老板当初决定进货的原因。

可是两个星期后，购买这款高档杯子的人却寥寥无几，甚至在一个多月后，也只卖出了两套。老板很纳闷，这么好的杯子，怎么没人买呢？那些顾客在第一眼看到杯子的时候，都是一阵惊喜，可是当拿在手里仔细看的时候，却都是摇摇头把它们又放回了原来的位置。

老板百思不得其解，就去请教一位心理学家。

心理学家拿起杯子，细细地看过之后，便叫老板马上派人把这批杯子的盖子全部拿走，但杯子仍放在柜台上原价出售。

“这批杯子，杯身设计新颖、做工精细，但它们的盖子却有一处缺陷。顾客们想买下杯子，却又总觉得有些吃亏。如今盖子一去，它们又成为一批完美的杯子了。”

十天后，这批杯子被抢购一空。

很多时候，我们的烦恼不是来自对“美”的追求，而是来自对“完美”的追求。由于刻意追求完美，我们不能容忍缺陷的存在。结果，一点小小的缺陷，就可能遮蔽我们的眼睛，使我们的目光滞留在缺陷上，而忽略了周围其他的美好之处，以致错过了许多美好的东西。

（陈勇）

成熟，最美的沉淀

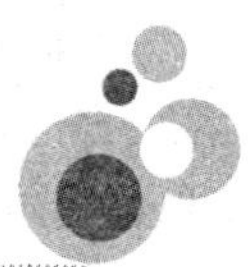

有人说，成熟是人的年龄达到一定阶段，身体形态和人体机能趋近完善的表现，是人的智力、情绪、社会适应性及心理达到的较佳的状态。其实，一个人成熟与否，并非决定于年龄的大小和社会阅历的程度，而是经过无数次人生历练后内在气质的流露。人们只有以坦诚、执着、自识了却人间的烦恼，看淡红尘的纷争，默默地自我踏实、自我修复、自我完善，才能持不变心性，丰富自己的阅历，获得成熟的人生。

成熟是一种奋斗，是一种探索，是一种征服，是一种付出，更是一种生活的积累。它是人们辛劳和汗水的凝聚：坎坷的经历磨砺你的个性，使你成熟；良师的教诲陶冶你的情操，使你成熟；益友的交流提升你的人生品位，使你成熟；甚至是失败的滋味、苦难的煎熬，都会使人变得成熟起来。从某种意义上说，成熟就是人生诸多代价的发酵，它需要经历无数的生命体验才能最终获得。

成熟是一种境界，是一种胸怀。夸夸其谈、玩世不恭不是成熟；口是心非、表里不一不是成熟；自以为是、自命不凡也不是成熟。

成熟的果实总是谦逊地低着头，只有稗草才会向天空高高翘起。成熟的表现是谦逊的，它不需要用张扬来标榜自己，更不需要借助吹嘘来美化自己。成熟厚广如海，足以容纳狂风巨浪；温润如玉，足以充盈、完善每一个缺陷之处。所以成熟的人，总能遇事不慌、处变不惊，这不仅是一种能力，更是一种长时间的修为所结成的必然之果。只有怀有豁达、开朗、宽容、自律、自省、自励的美好品德，才能使人达到真正的成熟。所以，我们既要审视自身的不足，又要注重吸收他人身上光亮的东西；既要有成熟的谋略，又要有宜人的胸襟，这样才不失成熟者的风范。

成熟的人，不仅领悟力高，而且观察细致，对事物能作出理智的判断。成熟的人明事理，言谈稳健、举止干练，处理问题从容而冷静；成熟者的可贵之处在于使自己成为自己的主人，不再受人和自我感觉的随便奴役。有人希望在成长的过程和人生的旅途中一帆风顺，然而，岂不知那几经的挫折、几番的失败，甚至是痛苦的教训，都是使你成熟起来不可缺少的经历。不经一事，难长一智，只有磨难和经历才是对你最有益的东西。

成熟是可以追求的，但它的获得需要一个学习、发展、积累的过程。我们既不能将所追求的成熟作为人生的终点，也不能陶醉于自我认定的成熟状态之中，而要用理智的头脑去面对一个万象纷呈的世界，用自己坚定的人生信念，走出一个成熟的人生。

（张宇苓）

初恋是条幽深的雨巷

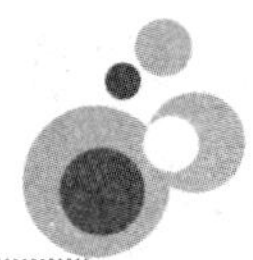

初恋是岁月都风不干的花朵，思念的酸楚、回味的甘甜和遥望的美好，还有青春不再的惆怅，交织成淅沥的春雨，润泽她、滋养她。她摇曳在生命的枝头，在心的深处，散发纯净的芳香，让人久久回味，难以忘怀。而“雨巷”诗人戴望舒的初恋，却是一条幽深绵长的雨巷，萦绕不去的哀愁、绵绵不绝的忧伤和刻骨铭心的情仇，像青苔，遍布他生命的雨巷。

23岁那年，为躲避国民党的白色恐怖，戴望舒避居好友施蛰存家中。在这里，他遇到了一个“有桃色的嘴唇、清朗爱娇的声音和一颗天青色的心”的姑娘，浪漫多情的诗人立即坠入情网，不能自拔。她是施蛰存的妹妹施绛年。戴望舒身材颀长，举止优雅，但童年时一场天花在他的脸上留下斑斑印迹。青春妙龄的施绛年对他不“来电”，纵使日日相见，他如火的爱情始终无法点亮她的心灯。炽烈的爱遭到冷遇，戴望舒的心日渐灰暗迷茫，在又一次求爱失败后，他竟要跳楼自杀。她心软了，又迫于父兄压力，不得已答应订婚。但她仍无法爱上他，婚期一再延后，她要他出国留学，取得学业有

稳定收入后再完婚。出于对她的痴爱，尽管经济窘困，尽管不愿与她隔着千山万水，他还是毅然赴法留学。而这，不过是她摆脱他的权宜之计。

在法国的三年，戴望舒每天都在忍受寂寞、贫困和相思的煎熬。他靠译书来维持生计、完成学业，唯一的安慰是每天给未婚妻写炽烈的情书。可施绛年的回信却是冷冷的，只言片语，燃不起半点火星来温暖诗人的心。最后，她说自己有了意中人，从此杳无音信。他再也待不下去了，立刻放弃学业，坐了一个月轮船，回到上海，她却将成为别人的新娘。他当众给了她一记耳光，又登报解除婚约。八年"欺人的美梦"结束了。

失恋的痛苦像烈火一样炙烤着戴望舒，他的心枯裂了，伤痛无法消失。暗夜里，他无法入睡："恋爱呀，我的冤家，我啃着你苦味的根！"

感情的瓜，强扭不甜。不爱了就分手，不可能了就放弃，重新寻找新的开始。每一场恋爱都是一次全新的投入。可戴望舒不。这一场刻骨铭心的初恋，酿成了他一生的苦酒，毒害了他的心、他的神经，从此，他失去了爱的能力。

被施绛年抛弃后，戴望舒很长时间郁郁寡欢，失魂落魄。朋友们都知道他失恋了，心情不好，爱情的伤还需要爱情来医治。一天，好友穆时英对他说：施蛰存的妹妹有什么了不起的，我妹妹比她漂亮十倍，你要不要见见？戴望舒兴致阑珊，但见到穆丽娟时，他还是有些意外。穆丽娟比施绛年漂亮多了，虽只有初中毕业，学历不高，但她非常喜欢文学，受哥哥的影响，对鸳鸯蝴蝶派的小说如数家珍。她喜爱戴望舒的诗，他的每一首诗，她都能背诵。她对他仰慕已久，这次见面，她兴奋异常，几乎一见倾心。

但戴望舒与穆丽娟交往，并不是因为爱情，而是想忘记施绛年，他以为，只有转移自己的注意力，才能忘记施绛年，生活就会继续。半年后，他们结婚了。没有隆重的仪式，他只送了穆丽娟一枚戒指。

婚后，戴望舒曾努力走出初恋的阴影。他和穆丽娟有过短暂的幸福：他们有座临海的园子，在花园里种番茄和竹笋。他读倦了书去垦地，她在太阳里缝纫，女儿在草地上追彩蝶。他们家“有几架书，两张床，一瓶花，这已是天堂。妻如玉，女儿如花，清晨的呼唤和灯下的闲话，想一想，会叫人发傻。”他也“整天地骄傲，出门时挺起胸，伸直腰，工作时也抬头微笑”。但他还是无法摆脱曾经的爱和伤痛，清纯秀丽、娴雅文静、温柔多情的穆丽娟，未能将戴望舒拉出失恋的痛苦深渊。

在诗歌里，他不时流露出伤逝情怀，“日子过去，寂寞永存，寄魂于离离的野草，像那些可怜的灵魂，长得如我一般高。”让穆丽娟深感不快的是他为电影《初恋女》作的歌词：“他说你牵引我到一个梦中，我却在别的梦中忘记你，现在我每天在灌溉着蔷薇，却让幽兰枯萎。”当时人们都知幽兰指的是施绛年，带刺的蔷薇是穆丽娟。这首歌广为传唱，让穆丽娟很难堪也很受伤。渐渐地，家里冷得像冰窘，他们“虽不吵架，但谁也不管谁”。戴望舒的时间都用来看书写文章，从不和她交谈，做事从不与她商量。1940年，穆时英在上海被特务刺杀身亡，戴望舒不让穆丽娟回上海奔丧。穆丽娟的母亲病逝，戴望舒扣下了报丧电报，没有告诉她。后来穆丽娟知悉后，痛不欲生，对他的爱恨情仇难以消解，她离家出走，坚决离婚。这段婚姻，只维持了五年。1994年8月，时隔半个多世纪，穆丽娟在接受采访时仍幽怨地说：“戴望舒对我没什么感情，他的感情都给施绛年了。”

穆丽娟的决然离去，戴望舒也是愧疚有加的，在一个寂寞的深夜，戴望舒写下绝命书自杀了，幸遇朋友及时搭救，才幸免于难。

三年后，戴望舒再婚了，新娘是小他21岁的香港女孩杨静。这个娇小美丽、活泼热情的南方女子曾燃起他对生活的希望和热情。婚后，生活安定平和。但这段婚姻也未能善终，其中有经历和年龄差异的原因，根源还在他沉湎于旧日的爱与痛，他总觉得现在“没有可爱的影子，娇小的叫嚷，只是寂寞、寂寞，伴着阳光”。他们感情上渐渐出现裂痕，常因生活琐事吵架。六年后，杨静离开了他。1950年2月，戴望舒因哮喘给自己注射麻黄素过量猝死，时年45岁。

戴望舒一生都没走出初恋这条幽深的雨巷，那段刻骨铭心的初恋，耗尽了他的爱和幸福。他不停地咀嚼着“辛酸的感觉这样新鲜，好像伤没有收口，苦味在舌间”，却始终不知道，要放下旧爱，放下心伤，然后才能推开“这扇窗，后面有幸福在窥望”。

（施立松）

艳不求名陌上花

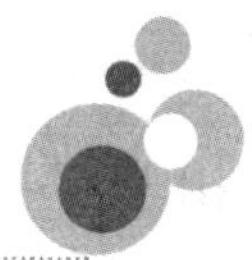

小时读古诗，一句“晓看红湿处，花重锦官城”让人十分迷醉。其中“红湿处”最为动人，于是在少年时未免会努力地绽放，总嫌不够刺眼，总嫌不够浓烈。艳不求名？不不，一定要放肆，张爱玲说，“出名要趁早”，否则就来不及了。

没有分寸感，绝不恰如其分，没有尺度，张扬到极致才算正好——如一朵绚丽的大丽花，艳到强烈、炽到炽烈，好比一场暴风骤雨般的爱情，剧烈到不能呼吸。那种冲撞和猛烈，只有少年无知时才会有。

年纪越大，越变得绵长细致，感情稀疏。对于那远远的陌上花就生了暖意——从前何曾在意过它？它在老城上，独自寂寞，花开花落无人知。但现在，就愿意做这样一朵寂寞陌上花，越低调越好，越不张扬越美。

是看尽了花开花落的寂寞和凋谢？还是终于看透这一场怒放原本如此虚弱，虚弱到只以为是梦中的一场花事？事后才终于了悟，最美丽的爱情原来不着痕迹，清淡似水。

从前有一本杂志问我，你愿意做哪种花？最怕语不惊人，所以答：罂粟花。这样的答真是惊语，想想，又毒又美又邪恶。但现在，只想做一朵陌上花，不妖不香，只淡淡地开在花园秋色里，不嫌寂寞，不嫌那荒凉与秋夜寂寂，自己开给自己看。偶有知己，看到那鲜艳和颓败的样子，亦喜欢，画下来，放在自己的书屋中。偶尔一抬头，看到那颓灿之境，照样心动，照样魂牵梦萦——过了千山万水，那懂得的人才真正出现。拼命盛开时，只为得薄名，而淡然放下一些东西时，才是懂得。

这世上懂得最难。一举手一投足，一个眼神，一句简单的话，懂得其实穿行于浓厚语境的缝隙间，众人皆醒，两个人醉了；众人皆醉，两个人醒着。他说花绽如雪，你便明白，这四月里的梨花已经开得死去活来。它一脸浓妆，它开到荼靡，它这一生，就为这一季。

我见过她的浓烈。她从前有五柜子衣服，拉开全是姹紫嫣红，艳得要把眼睛晃瞎似的。鞋子有几百双，流苏、烫金、九厘米尖锥底……围巾和披肩几十条，条条波希米亚，叮当乱响。这是一个多么丰姿灼灼的女子衣柜，那是她二十多岁，以为衣是利器，可以把男人穿透，以为美貌是诱，可以把男人拴住，但最后，她只有自己。

再后来看她，只几件素淡淡的衣服，没有了往日华丽的重彩；脸是素妆，但气质沉淀下来。即使她坐在角落里，亦有那种凛凛气场，压也压不住。我看过老了的诗人伊蕾，她穿了一件起了球的毛衣，脸上有着不可掩饰的皱纹。但她坐在那里，就是和别人不一样，不张扬，有温暖的笑容，我一直看着她，被她身上的某种东西吸引着。那是一种什么东西呢？很松散，很迷离，又很稀薄。不，不是浓烈的东西，仿佛一朵陌上开的小花，临近冬天了，荒荒地开着，可是，仍然美。那美，因为快凋落而显现出一种况味来，只有开过最浓烈花的女子才会有那种况味。

即使有点哀伤，有些痛楚，可是，是美的。那美，素朴而疼痛，我愿意做这样一朵花，艳不求名，在幽幽光阴中，暗自妖娆，独自开放。

（雪小禅）

幸福的钥匙

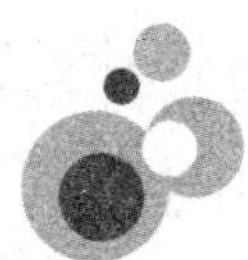

前不久陪妻子逛街，在超市偶遇久未联系的尹虹。尹虹是妻子高中时的同学，原在一家国企的行政后勤部门工作。十年前，因企业经营困顿，单位要求双职工只能留一个在岗，在和丈夫商量后，当时35岁的尹虹选择下岗，每月生活费320元。虽然刘欢在一首歌中唱道："人到中年重新走进风雨，只不过是从头再来。"但生活远没有那么简单，下岗后的尹虹摆过鞋摊、开过茶馆、卖过保险，但无奈没有那份财运，最后统统作罢。

如今站在面前的尹虹，气色很好，性格也比过去开朗了。四十好几的人了，从外貌看去，足可减去十岁。聊到这些年的生活，尹虹滔滔不绝，说现在活得有滋有味：每天上午去公园露天舞场跳健身舞，下午和一帮姐妹聚会、聊天、唱歌或打麻将。爱好文学的她，不时被电台邀去做话题节目嘉宾，偶尔还在报纸上发点儿"豆腐块"，虽没多少经济效益，却也不无成就感。

问到家中经济状况，尹虹说，托国家近年连续给企业退休人员涨工资的福，她的收入跃到了1200元。原来企业分的50平方米的房改房，因为用地拆迁，赔了她家一套80多平方米的新房。有了新房子，自己又有千余元的生活费，女儿去年考上大学，丈夫至今还在上班。这些，让她很知足。尹虹感叹说，这些年，她总算找到了开启幸福的钥匙，这就是：欲望少一点，幸福就会多一点；欲望多一点，幸福就会少一点。

她认定的这把幸福钥匙，我和妻子都深以为是。

凡体肉胎之人，谁不渴望幸福？而幸福的实现，在相当程度上体现于欲望的满足。人都是带着欲望来到这个世界的，从第一声啼哭的那一刻开始，人就在向世界索求以满足自己，饿了想吃东西，渴了想喝口水，瘦弱者想强壮起来，贫穷得想富裕起来，年轻人渴盼漂亮，老年人企求长寿……欲望那双看不见的手，总是牵扯人的每一缕感情，每一根神经。可以说，没有欲望就无所谓幸福，没有对幸福的追求，就没有生活的原动力。

可是，在当下的社会生活中，不少人在攀比的撺掇下，物欲变得越来越甚，有了高清彩电、豪华音响，还想进口汽车、独体别墅；有了不错的工作，还想捞个处长、老总干干；有了存款三五十万，还想要百万千万，甚至梦中还想当亿万富豪……为了这太多的攀比和欲望，人不知不觉成了金钱的囚徒，曾有的幸福感悄然溜走，无尽的烦恼接踵而至，最后正应了《红楼梦》中那段小诗："世人都知神仙好，只有金银忘不了；终朝只恨聚无多，及到多时眼闭了。"

汶川、玉树地震发生后，身边不少熟人感言：地震这一震，总

算把名利看穿了，这回大难没找到咱，再不能像过去活得那么累了。可清醒没几天，又回到“原生态”中去了——依然斤斤计较挣钱的多少，依然为没当上官、没晋升职称怄得失眠，依然在无穷尽的攀比中烦恼，依然疯狂地透支健康去换取钞票。

其实，幸福真的是一种很自我的感觉，所谓“知足者常乐”，不知足者只会永远痛苦。朋友的一句话说得很在理：“人之所以常常感到自己不幸福，因为他不是追求幸福，而总是追求比别人更幸福。”每个人都期望能够幸福，而开启幸福的钥匙其实就在你的手上。

（马拉松）

复活节彩蛋

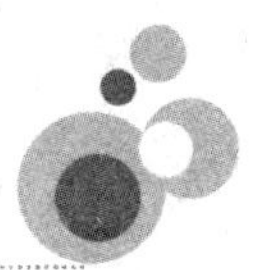

杰瑞米天生身体扭曲，反应迟钝，一种慢性绝症正慢慢地吞噬他年轻的生命。但他的父母依然尽力为他营造一种正常的生活，还坚持送他去上圣·特里萨小学。

春天来了，班上的孩子们都兴高采烈地讨论着复活节的话题。米勒老师给大家讲了耶稣复活的故事："复活节象征着重生与希望，是为纪念耶稣被钉死在十字架之后第三天复活的日子。那天耶稣被从墓里救出来，获得了新生。"

然后她给大家出了个小课题，发给每个学生一只空的塑料彩蛋。她对孩子们说："我希望你们把它带回家，放一些能代表新生命的东西进去，明天再带回来，听清楚了吗？"

"听清楚了，米勒小姐！"孩子们兴高采烈地回应着，除了杰瑞米，他只是专注地听着，眼睛从未离开过女老师的脸。这次他甚至没像往常一样发出古怪的声音。他是否真的听懂了老师讲的耶稣死去又复活的故事？他明白老师要求大家做的作业了吗？也许应该打电话给他的父母，向他们解释一下作业内容。

碰巧那天晚上米勒老师家的厨房水槽堵了，她给房东打了电话，等了足有一个小时，才有人来帮她疏通下水管。之后，她又忙着去超市买东西、熨衬衫和准备第二天的单词测验。这样一来，她完全记不得要给杰瑞米的父母打电话这回事了。

第二天早上，19个孩子说说笑笑来到学校，他们把自己带的复活节彩蛋放在米勒老师办公桌上的一个柳条篮子里。终于上完了数学课，熬到了打开复活节彩蛋的时间。

从第一只彩蛋里，米勒老师找到一朵花。“对，植物代表鲜活的生命，”她说，“当稚嫩的小芽从土里冒出个缝儿，我们就知道春天来啦。”

第一排的一个小姑娘举起手指点着：“那个是我的复活节彩蛋，米勒小姐。”

第二只彩蛋里有只塑料做的蝴蝶，非常逼真；米勒老师将它托起给大家看：“我们都知道毛毛虫长大就变成了美丽的蝴蝶，是的，这代表新的生命。”

小朱迪骄傲地笑着指了指：“米勒小姐，这个是我的。”

第三只彩蛋里，米勒老师看到一块长满青苔的石头。她解释说：“对，苔藓也代表新生命。”

淘气的男生贝利学着朱迪的口吻说：“我爸爸帮我找的！”

接着，米勒老师打开了第四只彩蛋，她倒吸一口气，那只蛋里什么也没有！这肯定是杰瑞米的彩蛋，她想，肯定是他没听懂老师的要求。唉，如果自己没忘记给他父母打电话就好了。她不想使杰瑞米难堪，所以装做作不经意地把它放在一边，去拿下一个。

杰瑞米突然开口了："米勒小姐，你不想说说我的那只彩蛋吗？"米勒老师有点慌，赶紧回答："但是，杰瑞米，你的彩蛋是空的。"

没想到，杰瑞米看着老师的眼睛，轻轻地无比认真地说："是的，但是耶稣的墓也是空的。"时间凝固了。等到米勒老师能够再次张口时，她问："你知道耶稣的墓为什么是空的吗？"

"当然！"杰瑞米喊出来，"耶稣被害后被放进坟墓，但他已被救了出来。空蛋代表鲜活的生命！"

课间铃声响起，所有的学生都兴高采烈地冲到操场上去了，米勒老师却哭了。

三个月后，杰瑞米离开了人世。人们惊讶地发现，在他的灵坛上摆了19颗复活节彩蛋，全都是空的！

（吴越　编译）

孩子不想错过

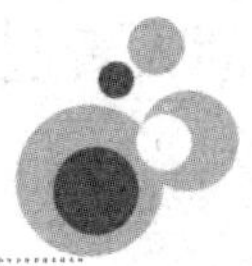

2010年的冬天，《华盛顿邮报》的主办者们突发奇想：邀请当今世界上最优秀的音乐家之一——约夏·贝尔，不事张扬地到地铁站里去演奏小提琴，看看到底会发生什么？

约夏·贝尔没有多想，拿起小提琴就赶到地铁站里拉了6首巴赫的作品，时间持续了45分钟。很好，始终没有人认出这个“街头卖艺人”就是约夏·贝尔。他像在皇家剧院那样演奏着小提琴，然而在行色匆匆的人群当中，并没有谁肯停下来聆听片刻。

过了一会儿，一位中年男子路过这里并放慢了脚步。他好像从来没有听过这么美妙的街头演奏，不由停了几秒钟，然后继续急匆匆地向前赶路。几分钟又过去了，终于有一位女士肯走到约夏·贝尔跟前。她不是来欣赏音乐的，而是朝帽子里丢了一美元，然后头也不回地走掉了。要知道，约夏·贝尔前两天在波士顿的一家剧院演出，平均一张门票的卖价是200美元，而他手里的这把小提琴，价值也高达350万美元。

约夏·贝尔苦笑了一下，用更加复杂的技巧来演奏巴赫。

很快又流逝了几分钟，这时过来了一个小伙子，他靠在墙上听了一段时间，后来他看看手表，摇摇头，也快步走开。

所有的人看起来都心事重重，茫然的行人没有心情倾听这美妙的音乐。约夏·贝尔突然感到一阵孤独落寞，渴望被大家鼓励一下，好让他激情饱满地演奏完心爱的巴赫。但很少有人停下来认真地欣赏，大家都匆匆忙忙地赶路，甚至连音乐家的相貌都没有看清楚。

终于，一个3岁的孩子停了下来。他想听完整首曲子，可是他的妈妈不愿意，用力拉扯着他，催他赶紧走。小男孩依依不舍地看着音乐家，希望得到什么帮助似的。妈妈有些生气，更加使劲地拉他走。他频频地回头看，眼睛里藏着许多东西，连他的妈妈也看不懂。

小男孩还是离开了这里，不过他的眼神深深地打动了约夏·贝尔，他的心情突然变得异常好，他想把巴赫作品中最好的东西都演奏出来，献给这样的孩子，哪怕他们只能听到其中的一小段。

接下来，又有一些孩子被吸引过来。他们都希望完整地听上一曲，但是无一例外，都被他们的父母拉走，他们只好用孩子特有的那种眼神向演奏家表示留恋和感激。

演奏结束了，《华盛顿邮报》的观察员们做了一个统计，在整个演出过程中，共有2000多人经过这里，其中只有6个人停下来听了一会儿，还有20个人给了钱后继续以平常的步伐离开，约夏·贝尔一共收到32美元的“演出费”。

参与这场社会实验的人都感慨不已，有的认为场合或舞台一换，大师和明星也会变成普通人；有的认为在生活和人生当中，大家的脚步都太匆匆了，因此错过了太多的美；还有的认为天才总是在人们意想不到的地方出现，但是天才一旦出现后，又很少有人能够认可他……

我认为，在这场社会实验中，还应该考虑一下孩子们的表现。从报道中可以看出，孩子们的反应跟大人们的反应是截然不同的，如果没有父母的阻拦和强硬措施，他们一定会来到音乐家面前，安静用心地去聆听。这跟他们能不能掏起“小费”没有关系，也跟场合的恰当与否没有关系。

在行色匆忙的生活当中，我们已经变得对许多美好的东西无动于衷。我们喜欢热闹的去处，而不是向往让心灵安静、返璞归真。我们开始睁眼就怀疑，张口就否定，怀疑否定的又是生活、人生、单纯、天真、真善美，就像我们怀疑在地铁里听不到真正好的巴赫作品，见不到真正好的演奏者和天才人物一样。

而孩子们不会这样，他们在生命中首先是相信和肯定，而且不分时间、地点和人物。他们相信自己的眼睛、耳朵和心灵，相信世间的美好，甚至达到“凡事相信、凡事盼望、凡事喜爱、凡事宽容”的程度。得到美好的生活确实是困难的，但同样这也是很容易的，只要我们像孩子们一样相信美好，相信自己和他人都是王子或者公主，美好的东西就会首先来到我们面前，或者最终奔跑过所有的障碍物，以更加清澈坦然的神采来到我们面前。

相信并肯定生活和人生，我们才不会轻易地失去它们，也才不会轻易地错过美好和真实，而且能够像孩子们那样“成为童话中的主角”。

（羲水羽衣）

换种方式滑行

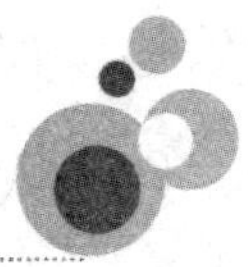

当有一天要被迫放弃心中所爱，你会怎么做呢？

我喜欢滑旱冰。从小在纽约长大的我，曾经在冬季里最喜欢做的事情就是溜冰和打曲棍球。因为结冰的池塘和河面是免费开放的，不愿意掏钱进旱冰场的我直到差不多20岁的时候才第一次玩旱冰，这玩起来便一发不可收了，不用熬到冬季才溜冰的日子真是爽啊。

日子在旱冰场上急速滑过，我已经成了全场上年龄最老的滑冰者。对此我倒全然不放在心上，有人群的地方就有最老的和最小的，我刚巧就是那个最老的而已。

我们教堂每次组织少年小组去滑旱冰的时候，我总是跟孩子们一起玩得非常尽兴。很多次我都会问冰场边上看着孩子玩的家长，为什么不跟着一起滑。这些父母总是说，年轻的时候也玩，但现在年纪都这么大了，不好意思再玩了。在我面前说年纪太大？老爷子我在场上矫健的身影不就证明了多老都可以滑旱冰吗？

我四五十岁那会儿，依然跟孩子们一起滑旱冰，他们看起来挺喜欢跟我在一起玩的，估计我这个老家伙在他们眼里也算很新奇的一景吧。

大约一年以前，我跟一帮中学生一起滑旱冰，满心想着又能享受滑行的乐趣。但这次不妙了——几十年来第一次，我难以控制自己的平衡，好几次都险些摔倒。我想肯定是我的鞋子出问题了，竞速轮滑鞋穿了也好多年了，也许我该换双休闲轮滑鞋了。

可悲的是，即使换了鞋子，情况照旧。旱冰场曾经是我快乐的所在，现在我的心里却满是忧伤。是啊，我也是年老花甲的人了，我终于意识到自己在旱冰场上快意的日子彻底结束了。最后一次把旱冰鞋从脚上取下，我特别能体味球员在面对自己告别赛时的心情。我很伤心，像失去了一位旧友。

我问自己，离开自己最喜欢做的事，以后应该怎么办。

我开始教孩子们学习如何滑旱冰，将几十年的心得传授给他们，让他们体会到当年我在冰场上感受的心情，我俨然已经成了他们忠实的场外啦啦队员。

当教堂的少年小组又组织去旱冰场的时候，我自告奋勇地帮学生们拿旱冰鞋，并惊奇地发现孩子们这么需要别人的帮助，很多人不知道自己的鞋号或怎么系鞋带。我始终带着微笑去鼓励孩子们，帮他们穿上旱冰鞋。

原来看着别人滑行也是一种美妙的体验。当看见有孩子滑得不错，我及时送上的掌声总是能让他们很开心。对那些滑得不好的孩子，我则鼓励他们“凡事都有个从坏到好、从量变到质变的过程。

恭喜你，你现在已经完成了坏的那一部分。我保证下次咱们再来的时候你能表现出好的那部分”，听后他们则会心一笑。

我还怀念那些自己在旱冰场上英姿勃发的日子吗？谁也不会相信，曾经那么迷恋滑旱冰的我已经不再想念那些穿着旱冰鞋的时光了。虽然在旱冰场上我留下过千金不换的美好回忆，但我曾经在旱冰场上享受到的感觉已经呈现在了我的学生们的脸上，那种快乐又加倍反馈给了我。现在的我换了一种方式滑行，不是用脚，而是用心。我比以往更快乐，笑得也更开怀。你以为所爱离你远去了，其实它只是换种方式来拥抱你而已。

（董晨晨　编译）

好风常与月相偕

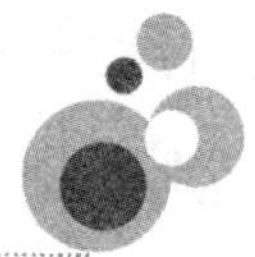

五月，粉紫的槐花，攻陷了武昌的街头巷陌。她与女儿一家外出归来，香风短雨的暮色里，诗情又一次栖居在她心头。她想到他。那个简朴而温馨的家中，他在等她，等她回去为他煮一锅素淡的白粥。他说，粥是米粒在火和时间里开出的花，素雅而淡定，温厚而圆融，像她。他爱极了她煮的粥，无论鲜衣怒马的锦绣年代，还是尊严扫地的困苦岁月。

车祸来得那么突然，她的思绪戛然而止，血泊中，她残存的意识化作唇边的一声呢喃：千帆——她离去后，那个曾温馨简朴的小屋，只留下他的孑然身影。他从不曾想到会有这样的一天。再苦再难的日子，都是她，微笑淡定，帮他化解悲苦困厄。他伏案整理她的书稿，炎炎夏日，汗水湿透衣衫。他不敢离开须臾，只有埋头在她的文字里，才能忘却她已离去的悲痛。在她的书稿里，他再一次与她牵手，从那个青葱的岁月，从他们的最初，一步步走过。

她和他的爱情，开始于菁菁校园。那年，她24岁，金陵大学国学研究生，专攻词曲；他21岁，金陵大学中文系三年级学生。她才

情妍妙，大学二年级时，一句“有斜阳处有春愁”，让她在中国词坛一举成名，因此赢得了“沈斜阳”的雅号。

而他，是金陵大学一大才子，同时也是她的“超级粉丝”。她的诗词，他一阕阕收集来，一句句熟记于心。他不记得是先爱上她的作品，还是先爱上她的人，总之爱情来得那么汹涌，难以扼制，也不想扼制。为了看到她，他常去研究班听课，他每写一首诗词，都请她评点。她认认真真评析，他恭恭敬敬聆听。后来，他组建土星笔会，创办了《诗帆》刊物。他写诗，她写小说，他们的作品常在刊物上聚首。才子才女惺惺相惜，她心间一朵白莲花正缓缓盛开。在给他的信中，她说：“你用颤抖的手指敲响我的门环，惊醒我蛰伏的冬夜安静的睡眠。”好风常与月相偕，他们恋爱了。

文人的爱情分外浪漫。他们在诗词中唱和爱情，说着只有彼此才听得懂的话。她追随他每一抹辽阔的神思，他懂得她每一个深长的缄默。夏夜，未名湖心，他们泛舟夜游，清凉的风，朦胧的月，路过的雨，身边的人，唱着的歌，往事走过，初恋正浓，时间睡了，愁情俗事睡了。他温暖的手心，熨过她柔美的心事。她抬起头，闭上眼，等路过的雨滴，亲吻她的唇。他的吻，落下来，落下来，爱情的小舟在湖心激情荡漾。他们也寻常小儿女般山盟海誓，她说：“我愿意随轻风跟你到天的尽头，或者乘长浪一直去到大海的边缘。”他说：“蚀的忆，容易不过的密誓：永远地不能够把你遗忘；我的心埋葬在你的心上。你要再来个这样的密誓吗？”这是他们一生中，唯

一的“美好有致”的日子

才子才女，如花笑眷，却同样不见容于世俗。双方家长全部反对，他的父亲不赞成，因他已为儿子攀上一个银行经理的女儿；她的父亲不同意，因为他家境清寒，他怕女儿将来吃苦。与家长激烈抗争无效后，他们逃婚了。日军轰炸南京前，他们逃到安徽屯溪，草草地结了婚。新房是一间借来的简陋民房，家徒四壁，身无长物。但爱是温柔的银灯，有爱饮水饱，生活并不乏甜蜜温馨。但月里山河连夜缺，战乱不断，狼烟烽火，流亡生活，聚少离多，他们开始了数年不断的“新婚别”。她诉相思情：“忘却相思，犹梦见，坠欢如故。何苦？连梦也，不如休做。”本是才子佳人，应出双入对，琴瑟和谐，却生逢国难，在颠沛流离中，备受煎熬。幸好有爱，爱于他们，是一杯“和着糖的浓咖啡”。

多年后，在偏隅的四川雅安，他们终可朝朝暮暮在一起了。“夜半罗帷遮密语，相怜只有侬和汝。”她的新诗集《微波辞》也出版了，可天意弄人，她被查出患有子宫瘤，得手术。在当时，这样的手术，无异于在死亡线上走一遭。她不忧心自己，只牵挂他。爱她如他，必不能承受失她之痛。她怕他就此沉沦，去成都动手术前，她给他们共同的老师汪辟疆和汪东分别写了一封信，她在信上说：“结婚以来，俩人从未在意患难贫贱，平居以道德相劝勉，以学问相切磋。如果我一旦死去，他一定心伤万分，情何以堪？请老师多以大义相劝勉，使他努力做事业学问，多为国家效劳，不能因我一个妇人的死去而忘记责任，这是我最期盼的！”所幸，手术成功了。“尚有薄魂消未尽，不辞辛苦作词人”，她为死里逃生庆幸。

秋夜，夜黑风高，天干物燥。他回家炖汤给她当消夜补身体，医院突然失火，睡梦中，她被惊醒，赤着脚仓皇逃出，所有衣物烧毁殆尽。他闻讯赶来，惊恐万分，哭喊着她的名字四处寻找，像一个失去心爱之物的手足无措的孩子。在一片狼藉中，看到衣衫褴褛、瑟瑟发抖的她，他不顾一切地冲上去，紧紧抱她在怀中，相拥而泣。劫后余生，缠绵情意，她半幽默半撒娇地对他说，“凭教剪断柔肠，剪不断相思一缕”（手术过程中“顺便”割去盲肠）。

苦难的生活并没有结束，接着，他被打成大右派，翩翩才子在峭风寒日中，黄尘扑地，沙洋放牛，成为“有文化的劳动者”。她也成为“罪人的妻子”。他在大会上被批斗，被凌辱，回到家里，她取出用口粮换来的西瓜，端出细熬的薄粥，按摩他身上的创痛，抚慰他受伤的心灵和被践踏的尊严。他被遣送到乡下劳动，她成了家里的顶梁柱，照顾他的继母和妹妹们，过上烦琐艰难的“入口曾为巧妇炊”的日子。

“文革”开始后，他属严格审查对象，刺配蕲春八里湖。她作为“老弱病残”留守，被勒令搬家，“破屋三椽便是家”。她微笑着承受苦难，她眷恋所爱的一切，磨难没压垮她，病痛折磨也没让她丧失信心。她与女儿相依为命，与丈夫诗词唱和。她感慨：“文章知己虽堪许，患难夫妻自可悲。”他唱和：“巴渝唱遍吴娘曲，应记阿婆初嫁时。”灵魂的相知相契，虽身隔千万里，心却从不曾分离。女儿出嫁生子后，外孙女早早承欢膝下，这成了她晚年生活的一抹亮色。她写出了著名的充满真诚和生活情趣的长篇诗作《早早诗》：“一岁满地走，两岁咀舌巧，娇小自玲珑，刚健复窈窕，长眉新月弯……”

新时代开始了，苦难却没有放过他们。他熬过一十八载，终于从“戴帽右派”变成“摘帽右派”，他们等来了乌白头、马生角的日子。“病媪当檐亲晒药，老翁中喔自牵萝”，他们俩自嘲要开始这一生中的蜜月生活了！然而，命运就是这般捉弄人！一切才刚有新的开始，却匆匆结束，武大珞珈山校园内一场车祸，词坛一代巨星陨落。

“文章知己千秋愿，患难夫妻四十年”，这是他给她写的悼词。词在人亡，让她的作品存世并传扬，是医治他悲痛的唯一良方。短短几年，他整理了她的大量遗作，包括最负盛名、滋养了无数读者的《宋词赏析》和《唐人七绝诗浅释》。

“爱是灵魂与灵魂的拥抱”，她写在小说《马嵬驿》中的名言，是他们爱情的真实写照。

（施立松）

欢喜记

年少时，大概喜欢的都是些薄凉的物质，即使不凉，也要为赋新词强说愁，也要说天凉好个秋。

还记得年少时，组织文学社团之类，一定要写诗。一帮人聚集在樱花树下，一张张粉面少年脸，铺满了忧郁的味道——雨季早来才好，情调要更惆怅才好……那些诗自己也未必懂，可仍然孜孜不倦地惆怅着，生怕大欢喜就不诗意了。就连自己的名字，也烦那么俗，我嚷着几次改名，但终究因为户口身份证难改而作罢。只记得无限地懊恼自己的名字，又是虹又是莲，简直是恶俗到极点。

那时喜欢的人也是冷艳的女子或小生，不喜欢随和，不喜欢热闹。小城的春节满城的花会，踩高跷的人从旁边经过也不要看他们。太热闹的东西总是带着乡间的俗气，还有死了人的人家，居然要请唱戏，河北梆子穿过夜空，觉得热闹中带着让人烦恼的俗。

更愿意捧读线装书，看那句我睡了千年，把自己睡成了一具枯骨，真真是春闺梦里人哪。

大了却又欢喜这些，真正的欢喜原来是一钵茶一捧花，哪里是营造出来的。金悦酒楼旁边的小广场上每天晚上有唱戏的人，吹笙的拉弦的，有肥胖的黑衣女子怒吼着河北梆子。放在少年，我一定觉得又闹又俗，但现在，我满怀欢喜心，一段段听下来，居然也充满了喜悦。《蝴蝶杯》有《蝴蝶杯》的好，《大登殿》有《大登殿》的好。这触手可及的喜悦让我充满了欢喜，低到尘埃里的东西，有说不清的亲。

欢喜多让人慈悲——大概人世艰难，所以，欢喜真是难得。去庙堂殿宇，顶喜欢看的是欢喜佛，那没心没肺的样子，其实是看透了放下了，所以，怀了欢喜心去普度众生。

从前最喜欢看西方油画，看一些看不懂的行为艺术。但八月一天去中国美术馆，看到蔡国强的“我宁愿相信”的画展，看他把一只只豪华汽车插上箭，把钱当鞭炮点了，把羊皮和竹子制成一条河，我并不觉得欣喜了，只觉得岁月流长，这样的取巧和噱头早就此去经年。我更喜欢杨柳青和桃花坞的年画，那么喜庆，甚至送子观音图，一样地让人欢喜着。

越来越喜欢这人世间俗气的欢喜——因为贴心贴肺。

有朋友寄来江南新茶，开袋的一瞬间就醉了，这样的欢喜清心清明。还有隔年的旧衣，自己剪掉从前的流苏，一下子觉得清新，亦是欢喜。还有我的发，回到从前的素黑，短短的，短短的，又清爽，又干净，多欢喜。

我的欢喜简单到一分一秒，这一秒照看，天是八月秋高天，下

一秒照看，有新书带着油墨……甚至闻到空气中的槐花香，甚至寻到早就失掉的一张黑白小照片，才18岁，正年少哇……简单的心，简单的喜欢才是大喜欢吧，我更愿意活得古意，不对抗、不较劲、不盲从，活得从容淡定宁静，不一定每天充满欢喜，但一定要努力着欢喜。

哪怕是一场空欢喜。

秋真的来了，年少时一定满天愁绪，但现在，只看到云淡风轻。天高了，云也深了，寻一个好日子，找几个旧友，饮几杯醉酒，重温过去好时光。有的时候，欢喜就是这样垂手如明玉，它在眼前，只要轻轻地，轻轻地碰触它，它就在呀。

（王虹莲）

给人留下好印象的十个秘诀

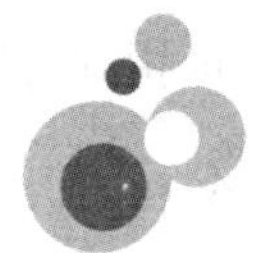

一、保持心情开朗

先打开内心的门窗，别人才能伸出双手去接纳你。开朗的心情永远是结交新朋友时最重要的催化剂。很多情侣回忆起当初一见钟情的场景时，最难忘的都是对方亲切而爽朗的笑容。无论你的五官长得怎样，发自内心的微笑，绝对是散发个人魅力的绝招。

二、仪容力求整洁

没有人会对蓬头垢面、浑身发臭的人有好感。不论你喜欢秀气斯文的打扮，或追求时髦、故作颓废状，力求仪容整洁是最基本的条件，同时，也是一种礼貌。

如果你有头皮屑的困扰，可以试试新的洗发精，看看能不能改善；假设真的困难，那么时时要提醒自己不要抓头发，并且多留意掉在肩膀上的头皮屑，随手将它拍掉。别让这些碍眼的小东西，阻挡了别人对你留下好印象的机会。

三、展现自我特色

有句俗语说："一样米，养百样人。"每个人的长相、个性都不同，不可能个个都是帅哥、美女，但每个人都有他独特的风格。我们已处在一个价值多元化的时代，任何一种风格都能被接受，而且都能散发出与众不同的风采。

你一定可以找出自己和别人不一样的地方，并且将它发展为个人特色。它也许是你长相中很独特的一部分，例如：挺拔的鼻子、丰厚的嘴唇或五短身材；它也可以是你行为举止的一部分，例如：亲切的笑声、敏捷的口才、主动服务别人的热忱……善用这些个人特色，将显示你和别人不一样的魅力。

四、目光友善稳定

初次见面，眼神是很重要的。飘移不定的眼神，最容易让别人觉得你不够诚恳或不够稳重。身处陌生环境时，应尽量避免因好奇而东瞧西看，或因陌生而将眼珠转来转去。别人看到这种眼神，会觉得你鬼头鬼脑，甚至认为你心术不正。

通常一个人的眼神可以反映出他的心情，如果要想使眼神保持友善而稳定，你必须先让心情保持友善而稳定。可以在家中对着镜子多做练习：眼睛平视一件物体几分钟，然后缓缓转向另一物体，有助于眼光展现稳健而灵活的神采。

五、主动自我介绍

在第一次见面时，做个简单扼要的自我介绍，是争取对方好感的基本方法之一。只有让对方先了解你，对方才有可能喜欢你。

主动做自我介绍时，切忌冗长及浮夸。冗长的自我介绍，会让对方抓不到重点，反而使你所讲的内容失去要点，同时也模糊了对你本人的印象。此外，浮夸的自我介绍也容易惹人厌，觉得这人爱吹牛，不牢靠，效果反而适得其反。

六、话题投其所好

“酒逢知己千杯少，话不投机半句多。”可见和人见面时，慎选话题是非常重要的。

卡内基人际沟通训练中，很强调和别人沟通时，谈论对方感兴趣的话题。投其所好的话题会是一个很好的切入点，让对方觉得亲切，而且比较好发挥。但难就难在第一次见面，如何才能知道对方感兴趣的话题是什么？

如果对方是个注重装扮的人，你可以从赞美对方的衣着开始；如果你知道他所从事的工作，可以向他请教那个行业的专业背景；你也可以询问他平时从事哪些休闲活动，然后聊一聊他有兴趣的休闲话题。只要话匣子一打开，就算再沉默寡言的人，也会开始用微笑热烈地与你交谈。

七、关心日常事务

在日常生活中，多花点心思注意周围发生的事。无论是关心报纸杂志报道的国内外大事、小事，还是留心朋友之间经常谈论的话题，甚至动手分门别类地整理剪报，都可以让你充分掌握时代的脉搏，并且积累丰富的常识。和别人初次见面聊天时，自然就可以有许多谈话的素材，不至于言语乏味。

八、倾听对方发言

专心而诚恳地听对方讲话，适时以“是的”“我很赞同你的说法”“我明白你的意思”回应，或礼貌地问“你的意思是不是……”“你要强调的是……”等等，会让对方觉得你在很专心地听他讲话、很尊重他，自然而然会对你有好印象。

面对第一次见面的朋友，在沟通时你最好多听、多发问，不要急着和对方辩论彼此认识不同的观点，以免因为沟通不充分而导致不必要的误会，陷入主观的情境之中，失去交友机会。

九、预先建立口碑

在双方正式见面前，通过友善的第三者，事先介绍彼此的背景，可以减少陌生的感觉，并且备感亲切。

十、留下联络方式

有了第一次见面的好感后，更重要的是继续营造第二次见面的机会。事先准备名片或便条纸，为双方提供相互联络的方式，才不会让第一次美好的印象昙花一现。

在留下联络方式时，应注意礼貌，不要勉强对方留下私人住宅的电话。此外，应该礼貌地询问对方一个适当的联络时间，以免太早太晚打电话，干扰他的日常作息，反而把苦心经营的第一印象破坏了，那可就得不偿失了。

（徐严）

主动的人机会多

2009年12月，在一家小工厂做文员的我，因为工厂经营不善而失去工作，几次求职受挫后，为了在年前有个安身之所，我只得收起一定要找个文职工作的念头，暂且进了一家工厂的生产车间当了一名流水线工人。

年假前一个星期，工厂管理部丁经理考虑到春节时保安队会缺人手，就向车间要人，要求生产单位派出人手先来保安队培训，以便年假期间协助保安人员值班。

主管把我们几个刚进厂不久的新员工召集到一起说："我们单位分到一个名额，我发扬民主，愿去的请举手！"

其他几个人面面相觑，都不作声，只有我一个人举了手。

于是我被选中，然后到保安队报到。

我被分到前门站岗。保安队两班倒，我每天差不多要站12个小时。遇到贵宾来访，还要向着车子和来宾举手敬礼。

几个当初不肯报名的同事有时从门口经过，都一脸诡异地笑我。有人小声对我嘀咕："你好傻，保安队春节不休息，到时你想玩都没得玩!”

我脸涨得，火热，憋着一口气默不作声。他们见我没有丝毫反应，就没趣地走开了。

前岗每天都会收到信件，由值班保安整理好，然后写在公告栏内的黑板上通知收件人领取。

有一天，带我值班的老保安问我：“你的粉笔字写得好不好?”

我小声说：“马马虎虎，还过得去!”

老保安就把一堆信件推到我手中：“那你帮我去出通知!”

我很听话，就拿着一堆信件去公告栏出通知。

我在高中时是学生会宣传委员，写几个好点的粉笔字对我并不是难事。

我正写得起劲，肩膀突然被一个人轻轻拍了拍。我一扭头，看到一个中年人和一张面带微笑的和蔼的脸，原来是管理部丁经理站在我身后。

我吓了一跳，马上原地一个立正，敬了他一个保安式的军礼。

“你的粉笔字写得很好。”他赞许地说。

我腼腆地笑笑，小声说：“我读书时经常出黑板报，进厂前还在一家小厂做过企划宣传”。“哦!”他好像很感兴趣，与我交谈起来，很仔细地问了我的基本情况，比如学历、经历、特长及会不会电脑办公软件等。

我一一小心仔细地做了回答。

最后，他再次轻轻地拍拍我的肩，示意我继续工作，然后满意地离去。

年假前的头天晚上，我正在值夜班。忽然前岗的分机响了，老保安接了电话后对我说："你马上到管理部办公室去，丁经理找你！"

我又吓了一跳，以为自己做错了什么事，但想来想去硬是没犯事。我就这样心情忐忑地走进了丁经理的办公室。

丁经理一看到我就招呼我坐下，然后说："你不是会办公软件吗？帮我把桌上这个文件打一下！"

我这才松了一口气，原来不是我犯事是他找我做事。这好办，我五笔打字挺快，Word文档很熟。很快，我就把他办公桌上一个手写文件录入电脑制成一份正规文档并且打印出来。

他看了很满意，边看边频频点头。我又趁机指出其中几个用得似乎不妥的词语，用建议的口吻与他商议，是否可以换成某某成语或短句。

他听了高兴地夸我："看不出你文学水平还很高！"

我笑着小声说："我平时比较爱看书，业余自修过文秘课程，还在报纸杂志上发表过小文章。"

他听了更高兴了，又和蔼可亲地拍拍我的肩。事情做完后，还把我一直送到办公楼下。

第二天，保安队长就通知我不用值班了，直接借调去管理部办公室打杂。说是打杂，其实是协助丁经理策划和安排春节留厂人员摸奖晚会之类的事宜。

我很珍惜这难得的工作机会，工作上指哪打哪，处处执行到位，丝毫不打折扣。虽然人累得够呛，但我毫无怨言，就算腰酸背痛，也像没事人一样，整天乐呵呵地忙上忙下。

在摸奖晚会工作人员不够、气氛不够热烈时，我还主动客串了一把主持，替明显有点儿窘迫的丁经理救了场解了围。

最后，摸奖晚会圆满结束。丁经理为了感谢我，还专门带我出去吃夜宵。我们把酒言欢，畅言相谈。临别时，丁经理再次轻拍我的肩："小伙子，好好干！主动做事的人，机会大把地有！"虎年正月初八，工厂开工，我回原单位报到。单位主管却喜气洋洋地告诉我："自即日起，你调管理部经理室上班，任经理助理，协助丁经理工作！"

从主管处了解到，原来，丁经理去年就一直想在工厂内部物色一个助理，相了好多人，但现在我这个新人偏偏走了运，刚好就被他相中了。

我这才明白了经理对我说"主动做事的人，机会大把地有"这句话后面的真正意义。

（周卫华）

成长是一种幸福

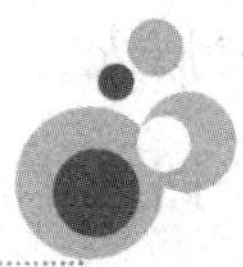

成长是每个人的必经之路。

最妙的成长，在于自我觉知。曾几何时，我们爱吟诵一些美丽的句子，比如“聆听花开的声音”，其实是我们正在凝视一朵花的成长。如此，花开便多了一层的深意义。而作为独立生命体的我们，每时每刻都在成长。其实成长可以被看作是一种生命属性，觉悟的那一刻，便是成长。曾有诗人说：人在睡觉时候，趋近于死亡，可见人的成长在某种程度上意味着思想的成长。

亲情、友情、爱情，是人类历史长河中永恒的话题。倘若把个人的成长融入这三个话题中，不失为一种阶段性印证。

亲情如水，“血肉相连”四个字比任何证据都来得有说服力。只要是血亲，他们的身上总有一些细微的相似性，比如神态、站姿、思维方式等等，这是不以人的意志为转移的。俗话说，最亲是父母。到了一定阶段，当我们的翅膀终于硬了、有能力在远方自给自足时，平生的漂泊与孤独感，会令我们倍加思念曾经被父母小心呵护的日子，也会在静默中坚信，哪怕世界变异、人心不古，但到底还有父母令自己觉得人世美满，如此，真心关爱父母的冷暖、尽力让他们开心则成了我们此生最重要的使命。

爱情似火，成长表现为一种看似不确定的确定性。确定，是因为在这一路走来的跌跌撞撞中，我们已大体知道自己需要找寻一个怎样的伴侣，找寻一个与自己相似或互补的伴侣。不确定，是因为要遇见一个合适的人并不容易，生活中有那么多与自己相似的人，但最终是否能够走到一起，则要看各自的造化，如孟子所说的“天时地利人和”皆备，方可。爱情是生命的一种承载，媒以爱情，我们更容易抵达生命的真实、人生的彼岸与思想的涅槃。

友情似金，它的一条原则是：诚待他人。诚信是人人应有的德性。诚信像是一扇窗，赠人玫瑰手有余香。真诚而友善的交往，在快乐之余，可以引发我们思考人生中的其他命题。如此，人生便具有了一种从容不迫的连贯性。有的时候，抛却所有真假错对的价值判断，望着自己的生命如一条河般不疾不徐地流动，真是一大快事。

成长是一种持之以恒的人生状态，就像青春。所谓苍老，其实是一种怠惰，一种自我欺骗。清醒而自觉的成长，是一种长久于心的幸福。

（陌上舞狐）

向着花开的地方赶路

四月的芳菲，有一种天然的清雅和高贵。路旁的槐花一团团、一簇簇，满眼的雪白晶莹。想必用这四月的槐花做成蜜，甜与香一定能够令人回味无穷吧。于是我赶紧约邀好友，定好时间，一同买蜜去。

第二天的下午，我们来到了养蜂人的家。说是家，不过是暂时在荒废的建筑工地旁搭起的一个小棚子。一张简易搭起的床旁边，是几桶已经收好的蜂蜜。门口堆着买卖的工具，边上有一口锅及盛水的器皿。

我们搬来小凳子坐等，看着养蜂男人的老婆在里间忙里忙外。黑色挂帽加印花的短袖T恤，下面是折叠的合身短裙。因是在路边，上面已经落了不少灰尘。从搭配上讲，她的服装根本没有什么讲究可言。她的体形略胖，肤色略黑，不仅有一个厚嘴唇，而且还有些跛脚。应该说，这样的一个女子，是无论如何都不与美感搭边的。可是她并不觉得自己的相貌或是衣装有什么不妥的地方，她微笑着，用她那不匀称的脚步，欢欢喜喜地招呼着客人。

她的笑容很有感染力，使得她整个人都感觉亲切起来。她说，她的丈夫还没有吃饭。声音里先是有些疼惜，然后立即恢复了开朗，继而你就会听到她哈哈呵呵的欢快笑声。大家就劝她赶紧让她丈夫吃饭，并强调时间已经是下午两点半了。她说他不吃的，每次都是把蜜收完才吃。声调里有些嗔怪和小女人的撒娇味道，但是微笑依然挂在嘴边。

大约等了半个多小时，养蜂男主人才终于从蜂林中钻出来。有几只蜜蜂紧随其后，坐等的人赶紧仰后身子躲闪。他没有说累，也没有说饿，只是估量了一下今天刚收的蜜，就慌着对后来的那个阿姨说抱歉。他说就这些了，今天没有了，实在是抱歉哪。那诚意，像是亏欠了老朋友一般。不过听那阿姨说，这些买蜜的人还真是像他的老朋友一样，每年的四月，他在此安营后，就会给熟客打电话联络。那些熟识的老友以及新朋友，便会像蜜蜂一样飞来。七八年了，年年如此。

轮到我们买蜜时，他说，他家在外地，距离这里有几百公里。等槐花开罢，他们便要赶往下一个有花开的地方。

“哪里有花开，我们就赶往哪里。”养蜂人如是说，然后夫妻二人开开心心地收工了。也许常年和蜜蜂在一起，他们身上也有了蜂的许多品质吧。听说一只蜂只能存活五十多天，在它们有限的生命里，总是辛勤地耕耘，快乐地歌唱着，短暂的一生充实而快乐。而他们又何尝不是这样呢？他们不顾辛劳，四处奔波，餐风饮露。在

无数与花相伴的日子里，他们用一杯恬淡和乐观的心境之水，为生活加蜜，把日子浸泡得甜美、芳香。

拎着淡淡琥珀色的蜂蜜回家，我在想：一直喝的亲手采制的花茶，不过是用心灵的苦水在浸泡它，难怪总有淡淡的苦涩之味。为生活换一杯水吧，这样；当那些花瓣在温水里浸润并重生的时候，你就会喝出槐花蜜的味道。日子，也会向着有花的地方赶路。

（每子林）

和哥哥一起闯天涯

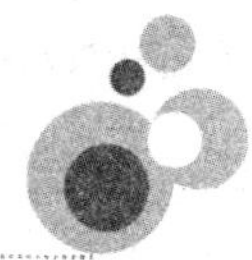

哥哥比我大10岁。当我还在小学的音乐课堂上，背着小手，一板一眼地学唱“我爱北京天安门，天安门上太阳升……”这样的儿歌时，哥哥就能用小提琴非常熟练地演奏各国名曲了。因此我从小就对哥哥崇拜极了。

哥哥叫周启凡，他其实不是我的亲哥哥。他的家住在离我家不远的一座小山坡上，因从小跟着他一起听音乐，故一直视他为亲哥哥。

哥哥20岁那年，去了数百里之外的省城成都参加了一次音乐比赛，获得了二等奖。回来后哥哥抑制不住内心的喜悦，兴奋地对我说：小好，这次出去，我看到了一片很广阔的天空。我觉得我应该到那里去发展，因为，那里才有我的舞台和听众。我听后，怔了一下，说：哥哥你走了是不是就没人拉琴给我听了？哥哥说：小好，那你就快长大吧，等你长大了，就可以来找哥哥了啊。

哥哥第二天便向他所在的单位递交了辞呈。当时哥哥是他们单位第一个敢于向单位辞职的，因此引起了一场轩然大波。很多人都

不理解哥哥的做法，并说哥哥一向不务正业这次更是吃饱了撑的。哥哥的父亲，一位十分出名的老木匠为此竟放下架子而提了两瓶好酒去向哥哥的领导求情，并指着哥哥的鼻子大声喝道：如果你要走就甭想再进这个家门！但老木匠的苦心和愤怒并没动摇哥哥的决心。

哥哥走时我已读高中。我开始发奋读书。我希望自己能够成为像哥哥那样优秀的人。

高中毕业我报考了戏剧学院。这是我自幼的理想。可是到最后我却名落孙山。为此我很消沉，写信给哥哥时告诉他说我这辈子算完了。哥哥的回信明显地很生气：小好，我一直以为你是一个认准了一条道，就会勇往直前地坚定地走下去的好孩子。却没想到一次小小的挫折和打击，就使你变得如此懦弱如此颓废，甚至开始怀疑自己的整个人生。照此下去，你又该如何去走你以后的路？而在今后的岁月里，当你遭遇更大的不幸和灾难时，你又该如何有勇气有信心去面对和处理？

哥哥的来信使我羞愧难当。我第一次感到哥哥对我的失望和不满意，这是我不喜欢的事情。于是我连夜写信给哥哥，告诉他：哥哥，我错了。请你相信我——小好永远都会是好样的！

这之后，我不再为自己没考上理想的大学而自暴自弃。我想，条条大道通罗马，这条路走不过去，另选一条就是了。我决定像哥那样用自己的双脚去踏出一条自己的路来。我当然知道选择这条路，一定得具有比别人多出数倍的胆量和勇气。可是，既然哥哥能走下去，我又为何不能呢？

我来到了哥哥所在的城市。来时我仅带了一个装衣服的背包和一份必胜的信念。哥哥得知我要来，欢喜成了一个三岁的小孩子。他到车站来接我。在众目睽睽之下，他一把搂住我，又捶我的胸，又拍我的肩，最后又像小时候一样弄乱我的头发说：“嘿！小不点儿，咱们两兄弟终于又见面了！我说我是来和哥哥一同闯天下的。哥哥沉思了一下说：那你得有心理准备，外面的世界很精彩也很无奈，说不定某一天你就会有可能吃了上顿没下顿，甚至会流落街头而得不到任何人的同情和帮助——你怕不怕？我抬眼看了哥哥好一会儿，然后十分认真地说：有哥哥在，我还怕什么呢？

哥哥带我去他的住处。一路上他抑制不住兴奋，告诉我他这些年有趣的经历和丰厚的收获。但当我关切地问他现在的生活怎么样时，哥哥却怔了一下，然后慢慢吐出两个字：还行。哥哥说这话时脸上依旧是笑着的表情，可我，却从他言不由衷的苦笑里，感受到了他的内心不尽的沧桑和疲惫。

哥哥的生活过得并不如意。当我走进他租来的那间小屋，就更加证实了我的判断。那是一间地下室，阴暗潮湿而且破败不堪。屋里乱极了，书、稿纸、衣服满地都是，使原来狭小的空间更显得拥挤不堪。一进门我便看见了挂在墙上的那把小提琴。当我用手去抹那上面厚厚的灰尘时，我的心突然痛了起来。而泪，无声无息地已流了一脸。

晚饭时哥哥才告诉我他现在在一家酒店做保安。这已是他来到这座城市之后的第10份工作了。在这之前，哥哥曾在夜总会为别人斟茶倒水，曾在马路边帮别人推销那些廉价的衣裤，曾在码头上一趟一趟地背那石头一般沉重的货物……我问他：那么你的舞台和听众呢？哥哥一下子就沉默了。沉默了许久之后哥哥终于自嘲地笑道：唉，现在懂音乐的人，可真是越来越少了……

那晚，我把那把小提琴从墙上取下来，重又交到哥哥手上。那晚，当我再一次听到哥哥自己创作的那首曲子在茫茫夜空中轻轻奏响时，我的心中产生了一个极其强烈的愿望，那就是——不管遇到什么样的情况，我都要尽我所能，让更多的人，能够听到或欣赏到哥哥的音乐。

我开始四处找工作。我把哥哥所作的那首曲子填上词，然后一次又一次地去唱给那些夜总会或歌舞厅的老总听。但没有人对这首曲子感兴趣。他们总是问我除了这首歌之外还会不会唱张学友刘德华他们的歌。我说我会唱他们所有的歌可我必须唱这首歌。于是肥头大耳或尖嘴猴腮的老总们就全都大摇其头，说对不起我们这里不需要这样的歌，你还是另谋高就吧，便将我赶出门外。为此我非常伤心又非常苦恼。可我——百折不挠。

那是冬天。街上的风很冷，但每天晚上我依然穿着极单薄的演出服出去碰运气。终于有一天我病倒了。那天哥哥下班回家时我正躺在床上不停地发抖。哥哥吃惊地问我：小好，你怎么啦？我说：

哥哥，我冷。哥哥赶紧抱来许多床被子又把自己的大衣脱下来盖在我身上。我开始全身冒虚汗，可我还是感到跌进冰窟无法自救似的寒冷。我问哥哥我是不是快死了。哥哥的眼泪一下子就涌了出来。他紧紧地抱着我说：小好你说什么傻话？你只是感冒了，吃了药就会好起来的！我说：哥哥，我真是太笨了，不仅没给你帮忙，反而净给你添乱……哥哥说：小好，你的心其实哥哥全知道！以后你别再这么去求人了……哪怕哥哥只挣回来一粒米，也一定会分半粒给你。我说：可是……哥哥你不是说过吗，一个人只要看准了一条路，就勇往直前地走下去才是好样的啊！哥哥没再说话。他只是那么紧紧地拥着我，好似要把自己所有的热气全都传递给我一样。可是，我却看到，哥哥的眼泪，一直在流，一直在流……

后来，终于有一家夜总会肯收留我做歌手，但条件是薪水必须比别的歌手少一半。我答应了。我想只要能让我唱哥哥创作的那首曲子，无论什么条件我都会答应。

却不料哥哥创作的那首曲子经我演唱之后竟备受欢迎。第一场演出就使我和夜总会老板大吃一惊。因为几乎所有的客人，在我演唱那首曲子时，都安静了下来。而当我唱完之后，全场先是静默，随后竟有雷鸣般的掌声铺天盖地地响起来。那晚我为夜总会挣回了有史以来最多的花篮和小费。夜总会老板笑烂了一张脸。当我走进后台，他见到我第一句话就是：真没想到……我说：我跟你一样没想到。

回家之后我便迫不及待地把事情的经过原原本本告诉了哥哥，但哥哥却并没有表现出过分的欣喜。他只是愣了一下，然后说：哦，那太好了，便去忙别的了。我为哥哥所表现出的那份淡然和平静感到纳闷极了。

哥哥仍在那家酒店做保安。但我觉得像哥哥这样优秀的小提琴手如果不到舞台上去演奏，那简直是对人才的亵渎。我开始向我所在的那家夜总会老板极力推荐哥哥去做独奏演员。最初老板认为我的建议简直是无稽之谈。他说：现在的人都只爱听摇滚乐，谁还有工夫去欣赏那些听都听不懂的小夜曲呢？但后来经不起我五次三番地游说和鼓动，他终于答应试试。可是，其结果却令人痛心疾首。那晚当哥哥身着黑色燕尾服站在舞台中央为大家演奏那首马斯涅的《沉思》时，台下竟有一半以上的客人在问：这破音乐是谁写的？怎么跟催眠曲似的？难听死了！我不知道哥哥听到这些话时是怎样的一种悲怆的心情。我也不知道哥哥是依靠一种怎样的定力才在那些毫无教养的“换一个”的呼喊声中坚持完成了自己的演奏。那天哥哥演奏完之后，走到舞台前端，朝下面所有的客人深深地鞠了一躬，然后，他毕恭毕敬地对大家说了一句：对不起……当哥哥直起身来时，我看到，哥哥的眼睛，是红的……

那天晚上我和哥哥步行回家。我们都一路无话。到了家里，哥哥准备把那把小提琴继续挂在墙上。我突然说：哥哥，你拉吧！拉给我听好不好？哥哥静静地看了我很久很久，没说话，然后，他笑了，笑得很感伤，说：小好，如今……我也就只有你这个听众了。我赶忙说哥哥你只是生不逢时，不然……哥哥笑着摇了摇头，打断了我的话幽幽地说：其实我的音乐，只要有一个人听，也就够了。

那晚哥哥为我演奏了许多华美如诗的小提琴曲，从中国的“梁祝”，到帕格尼尼的“随想曲”，再到舒伯特的“小夜曲”……当我陶醉在那些舒缓悠扬的旋律中，我的心感到了从未有过的平和与宁静。而那原本平淡的夜，也因了哥哥的音乐，而变得格外美丽迷人起来。

那之后哥哥几乎每晚都演奏曲子给我听。那应该是我和哥哥都十分快乐的时刻。而哥哥在那段时间突然产生了从未有过的创作灵感和激情。有许多个夜晚，在我入睡以后，哥哥仍在写曲，写完之后便奏给我听。我一直奇怪哥哥写的那些宛如鹂歌般美妙无比的曲子为什么除我之外就没有人欣赏呢？

后来我听到市里要举办歌手大赛的消息。我很想参加，哥哥也非常支持。哥哥说：好好去唱吧——哥哥30岁生日也快到了，到时抱个奖回来给哥哥作生日礼物吧。

第二天我便去报了名。我对自己有十足的信心。我想我到时一定会给哥哥一个意外的惊喜。

可是，万万没想到的是，哥哥却并没等到那一天，便突遇了一场意外的车祸，魂归西天……

那天其实是个阳光很好的日子，因为比赛迫在眉睫，所以我让哥哥陪我去挑演出服。正当我在一家服装店为挑白色的西装还是红色的西装拿不定主意时，哥哥突然说了句：小好，天太热了，我到那边去看看有没有汽水卖……说完，他就走了，然后，我就听到了一阵尖锐的急刹车的声音。当我不经意地回头凝望时，我的脑海顿时变成了一片空白……

那天在送哥哥去医院的的士车里，我死死地抱着哥哥的身子喘不过气来。哥哥的身子不停地抖，不停地抖。从哥哥身上流出的血将我新买的白西装染成了红色。我拼命地用手去堵哥哥的血，可是无济于事。我听到哥哥那么虚弱地在说：小好，天边怎么这么黑了？天又怎么这么冷啊……我感觉自己已不能说出一句完整的话，我几乎拼尽了全身的力气才终于喊出声来：哥哥，坚持住，你要坚持住啊！

我的呼喊最终并没能留住哥哥的生命。多年以后我一直在想哥哥为什么那么轻易地离我而去了呢？他为什么不可以多坚持一会？为什么不可以等着我参加完比赛为他祝贺30岁生日呢？

那次比赛我唱的是哥哥写的一首曲子。演唱之前我告诉大家这首曲子的作者已于两天前永远地离开了我们去了天国，可我，还是希望大家能够听到或记住他的音乐……话没说完我已泪流满面。整个演唱过程我几乎无法控制自己的情绪，当我唱到“静静夜空下，是谁的琴声伴我入梦？茫茫红尘中，是谁的微笑伴我一生”这几句时，我已经泣不成声。我知道我演砸了。可最后我却获得了最多的掌声——那掌声，全都是送给哥哥的。可是……哥哥已经听不到了。

哥哥走了。哥哥说他这一生是为音乐而活的。那么他对自己曾经有过的生命，可曾感到满意和无悔?

哥哥走后，我过了很久才最终适应了哥哥不在的日子。我知道从此不会再有人专门拉琴给我听，而我，必须学会独立了。我开始学着像哥哥那样，从容镇定而又坚强地去走自己以后的路；开始学着像哥哥那样，爱一样东西，就爱到如痴如醉而又无怨无悔；开始学着像哥哥那样认真地计算着生命中的每一个日子，不虚度岁月年华里的任何一寸光阴……

（张好）

青春碎了依然是青春

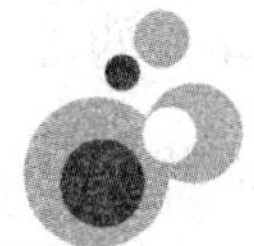

那时我已经开始学会扮酷。每天早晨会在镜子前面蹲上半个小时，细心打扮一番。有女孩子过来，我就会学着周杰伦的模样，高调着唱起“辣妹子”。

十六七岁的男生，单纯而又任性，总会抓住一切卖弄自己的机会，放任自己大把大把的青春。老师们在校园里看见我们模仿周杰伦，穿得光彩夺目，头发奇形怪状，就会板起脸来训斥一番。而我们，也会恭顺地低着头，“聆听”长者的教诲。但等他走后，我们就七嘴八舌地凑在一起讨论着老师的那点“丑闻”，直到心满意足才离开。

上物理课的时候，老师正在讲台上唾沫横飞地讲着功与动能的关系。邻桌的汤宇听着无聊，就给物理老师画起漫画来。刚画完，他就迫不及待地拿过来与我分享他的杰作。就在我欲惊呼的那一刹那，物理老师板着脸走了过来，而后命令他拿着自己的杰作在班上巡展。

回到课桌上的汤不安地等待着老师狂风暴雨般的冷嘲热讽。教室里沉寂了片刻，冷不防物理老师冒出一句：“汤宇同学，你太高估我了，你老师我可没有这么帅呀。”

顿时，台下一片哗然，开始有人欢呼、高喊，那声音似乎要刺破天空。像一群被束缚了很久的狼群，呼叫着冲破牢笼，释放着自己青春的无穷能量。

我至今清晰地记得，那天一场由汤宇引发的“草绘革命”就这样拉开了帷幕。在我们那所被学习压得死气沉沉的高中，这场革命犹如一场台风，迅猛而又热烈。卷走了死寂，带来了生机。从那以后，我们会把自己喜欢的动物、花草、漫画人物画在自己的课本上、作业本上。更多的时候，我们会将那些自己心爱而又懵懂的图案刻在自己最心爱的MP4和手机上，而其中的寓意，只有物品的主人知道。

老师们也无力阻止这股青春潮流，只得任我们在书本上、作业本上胡乱涂鸦，只有平日里苦着脸的美术老师露出了难得的笑容。因为再也不用他吩咐，我们就会安安静静地作画，而不是吵吵闹闹地在课堂里下棋、聊天。那颗年轻躁动的心终于安静下来。那些绘满青春符号的作业本、课桌，就像一件件宝贝，陪伴着我们快乐地成长。

今年我又回到母校，又看到那一群散发着青春活力的男孩女孩。只一眼，我就能窥见那些躺在青春记忆里的碎片。也终于明白，自己一路向前奔走，却始终忘不了身后那段年少时光的原因。

不是不忘，而是不愿——不愿去遗忘那些躺在青春记忆里的碎片。

（郭超群）